G 花园时光 TIME

GARDEN 多肉植物①

二木 主编

中国林业出版社

U0274963

《花园时光》是针对园艺爱好者的系列出版物，从第5辑开始，每一本都设定一个主题，本辑为多肉植物主题。该书内容丰富、时尚，呈现给读者一种全新的园艺生活方式，欢迎广大读者踊跃投稿。

电话：010-83143565
微博：花园时光gardentime
博客：blog.sina.com.cn/u/2781278205
邮箱：huayuanshiguang@163.com

欢迎关注《花园时光》和中国林业出版社天猫旗舰店

《花园时光》微信

中国林业出版社天猫旗舰店

总 策 划：韬祺文化
主　 编：二木
撰　 稿（以文中出现的先后为序）：

二木　印芳　大嫒姑娘　玛格丽特　秋涵
song丹青　米米小译天　魏民　小岛向北
小静　Jojo　忆彼年豆蔻　种花小医杂家赵　吴方林
赵辉　秋阳　盛春玲　嘉和
封面图片：二木和他的肉肉们

图书在版编目（CIP）数据

花园时光.多肉植物① / 二木主编.-- 北京：中国林业出版社，2014.12（2015.5重印）
ISBN 978-7-5038-7815-2

Ⅰ.①花… Ⅱ.①二… Ⅲ.①观赏园艺 Ⅳ.①S68
中国版本图书馆CIP数据核字(2015)第003193号

策划编辑：何增明　印芳
责任编辑：印芳　盛春玲

出版：中国林业出版社
　　　（北京西城区德内大街刘海胡同7号　100009）
电话：　（010）83143565
发行：中国林业出版社
印刷：北京博海升彩色印刷有限公司
印张：6.5
字数：300千字
版次：2015年1月第1版
印次：2015年5月第2次
开本：889mm×1194mm　　1/16
定价：39.00元

Editor's Letter
卷首语

"肉肉"的美好时代

不知从何时开始，无论是微博上，还是在朋友圈，大家都在晒"肉肉"。

"肉肉"是花友们对多肉植物的昵称，光从这称呼上，就能看出花友们对它是多么的喜爱。若你更了解"中毒"、"放毒"这些圈内的行话，则更能体会花友对其的爱之深，情之切。

"中毒"是花友形容喜欢肉肉到了中毒的地步。看似夸张，但其实这种形容并不为过。身边有一"肉友"，曾供职名企，后辞职弃禄，开了一间肉肉工作室，过上了"无肉不欢"的逍遥生活；更有甚者，在北京郊外租十几亩地，专种肉肉，自己繁殖育种，不卖；另有专业玩家，为收集稀品珍品，非洲、韩国一年跑几个来回……

不禁纳闷：肉肉们何以一下成为了众星捧月？

有花友说：因为萌呀，可爱呀！看那'虹之玉'，像极了被冻红的小手指，而见到生石花，没人不会想到孩儿的屁股，玉露的晶莹剔透如宝石……每一棵肉，好像都能变成童话里的主角，萌之极，让人打心底怜爱。而待到一日长成老桩，配上合适的盆子，又能从中读出岁月的幽远与沧桑……

也有花友说：好养活呗！十天半月不浇水，它也不会像别的花儿一样赌气死给你看；即使被切掉根，只要有土有水，几天后就能发出鲜嫩的新根。

还有人说：当然是网络啊，方便快捷的网络给了它们迅速成名的渠道。

……

都是原因，都有道理。但在我看来，那些"放毒"的人才是真正的源由。

放毒的人就是在网上晒肉肉的人，多为时尚个性的年轻人。他们赋予园艺独特的理解，更新鲜的玩法——肉肉可以住进鸟笼里，可以躺在草帽上，可以做成花环，可以窝在枕头边……园艺因此不再局限于泥巴大粪，不再只是大爷大妈在自家窗台上用土陶盆养的仙人掌和葱兰。它变得时尚，甚至艺术，有格调的艺术。

如果一定要从这些放毒的人中找一位代表，那非二木莫属。微博有20多万粉丝的二木，留着长头发，穿着时尚的T恤仔裤，背个性的双肩包，跟很多潮流的年轻人一样，时尚、不羁。但跟他接触，你会发现，他身上有同龄人难得的真诚、谦逊，以及对生活的热爱。这份热爱里少有物欲，多是热情，少有虚荣，多为由衷。他在网上晒肉肉，其实晒的是他对生活的态度，晒一种亲近自然的生活方式。他告诉我们，在喧嚣浮躁的都市，还有一种叫做"园艺"的东西，能给我们带来慰藉，养育我们的心灵。

来吧，都来玩肉肉吧，都来晒肉肉吧，晒向往自由、美好的生活态度，晒田园闲适的生活方式，晒付出与收获的喜悦……

韬祺文化

2014 年 12 月

我和我的肉肉们

多肉
是一种植物
看上去肉肉嫩嫩的，大家称呼为"多肉植物"
而我管它们叫：我的肉肉们

我是多肉植物的狂热爱好者
我叫二木

我给我的肉肉们
建了一个花园
每天，我都在花园里忙碌
和一群志同道合的小伙伴们一起

为了给肉肉们一个舒服的生长环境
我对很多细节都挺较真的
比如花园日照强度
按天气设定，不偏差一刻度
比如装饰花器
配合肉肉们的颜色挑选最衬的

有时，我也会有点稀奇古怪的创作
有时，也会和肉们一起听听音乐
让它们听听我唱的歌

每种好一个多肉盆栽
我都会给它们拍个照
它们颜色鲜艳多彩
就像青春
绚烂缤纷、充满活力

很多人会说
等我将来怎样怎样
我再去做什么什么
我只是觉得，梦想比人易老
既然已有钟爱的事，我等不了
我的梦想不大
就是做自己喜欢的事
养好多肉、交好朋友、过好生活

二木
2014 年 12 月

G 花园时光 TIME
ARDEN

CONTENTS
多肉植物①

063

029

058

075

048

093

SUCCULENT STORE

走进那些
"肉主题"门店

　　有一间门店，它或在一条巷子的尽头，或在一条绕城的江边，或在喧闹的大街上……它或是一家咖啡馆，或是一个服装店，或是一间甜品店……只因为它们有一个共同的特点，于是，它变成一个童话，一种情怀，无论你是店主，还是客人，它能治愈你倦累的心。这个共同点便是——多肉植物

倦了累了，就去时光花园

一个对花草有耐心的主人，对客人也一定是耐心而热情的，
这是时光花园被广为传播的缘由吧……

文/印芳　图/大媛姑娘

客栈小院的一角，在天高云淡的丽江，在这样的小院里捧一杯咖啡，舒舒服服便打发
一个下午的时光……

院子里的肉很多都种在这样原生态的木质花器里，
枯荣对比，更加突出肉肉的萌态。

若将《花园时光》倒过来念，便是"时光花园"。难怪
初次见到"时光花园"这个名字，会觉得如此亲切。

时光 花园远在丽江，是一家客栈，在古城区崇仁巷的
尽头。

"店面很清新，有咖啡，有果汁，有慵懒舒缓的音乐，
有洒满阳光的小院，有热情的老板……最重要的，院子里
满是肉肉，所以，去丽江，你一定不要错过……"朋友说起
10 月刚去过的这家客栈，两眼放光，可劲儿给我推荐。

我相信，丽江虽然偏远又古老，但海纳百川的它，从来
不会缺少这样的时尚——肉肉是最近几年才被受宠的，而被
一家商铺作为主题特色，在国内的大城市，也并不常见。

大媛姑娘是这家客栈的店长，终于逮着个机会，可以让
她跟我聊聊这里的花园和肉！

时光花园的正统出身其实是老磨坊连锁酒店位于丽江的
分店。恰巧酒店一楼有个花园，也恰巧酒店有个热爱多肉植

物的老板，最终，花园成了多肉植物的乐园，也是咖啡厅的所在。当然，客栈也成了肉肉爱好者去丽江首选的住处，倦了累了，捧一杯咖啡，看看萌肉，在这里便可舒舒服服打发一个下午的时光。

爱折腾，是每个肉友的"通病"。大媛姑娘和老板也不例外，为了让花园显得自然，跟客栈的复古、自然风格搭配，他们专门请来了木工设计师，木质的器具和肉肉相配的景致，有种原生态的自然美。枯树枝与鲜活的肉肉组合在一起，枯和荣的对比，愈发衬托出肉肉的生气和萌态。复古自然风还体现在老北京饼干盒花器，旧的电视机，旧木箱木桩，铁皮花槽……

丽江当地的花市里，肉肉的种类非常有限，因此，时光花园院子里的肉肉都是从网上淘来的，如今已有百多个品种。时光花园也为此专门建了阳光房和基地，自己繁殖肉肉。"最无奈的是客人总要去摸，去掐，试试它们是不是真的……"大媛说。这真是肉肉主人的恶梦，但是，谁要肉肉们这么可爱呢，就像漂亮的娃娃脸蛋，总会忍不住去捏一样。还好，丽江的气候肉肉非常喜欢，即使被宠受伤，若有主人的精心照料，也能尽快恢复元气。

打理这满园的肉肉和花草，需要店家付出更多的耐心。一个对花草有耐心的主人，对客人也一定是耐心而热情的。我想，这也是时光花园从9月刚一开业，就在朋友圈广为传播的缘由吧。

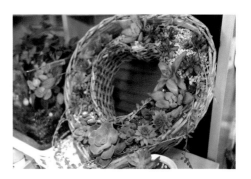

客栈里随处可见这样清新的创意。

女人的梦想不外乎华衣美肉

肉肉咖啡、华衣美服，一帮女人的梦想，
在这里滋生蔓延……

文 / 图　玛格丽特

　　一个多月前，冰冰给我打了个电话，她说，看了我写的那些花园店铺的文章，太心动了，好想也有一个这样的主题店，要不，开个咖啡馆？

　　我有点晕："咖啡馆？不仅是投资的问题，你也没有经验，一下子开个咖啡馆未免动作太大了吧？"

　　过了十几天，我们再次见面的时候，冰冰兴奋地告诉我，她准备和一个开服装店的好友合作，主要还是服装店，但和多肉、花园杂货一起布置，服装店的角落还可以摆上桌椅，客人来了能坐在这里喝咖啡……

　　接下来的一个多月，大家都忙，几乎没有联系。一天晚上，冰冰发来短信，说店铺已经全部装修好了，明天就开始试营业。这让我实在有些惊奇，于是一有时间，赶紧就冲了过去。

▲服装架之间，都有多肉的装饰区隔开，显得非常有节奏，在这样的环境下试衣服，也很是自在。

店铺名叫"君"，在上海华山路，靠近长乐路的位置。临马路却没有门面，一排老式的木头窗户，围墙的外面都漆成了显眼的猩红色，深红的窗户罩也非常协调。临街一个小门可以进到店堂里面。冰冰说，当时看中了它的地理位置，房子里面的可雕塑性，以及沿街部分透明的房顶。甚至还有一个超迷你的小院，这个太有吸引力。

走进去，华衣美肉、特色杂货，琳琅满目的，让我缓不过神来。因为肉肉和花园小品的衬托，一件件服装也显得更加有质感。肉肉都来自于冰冰自家的小院，是她精心培育的，因为要登上这"大雅之室"，所以给它们搭配的盆器也是格外的精致，造型风格也很丰富，有欧式田园的、有藤编的……

在这样的店里，和冰冰喝咖啡聊天，吃 CICI 带来的蛋糕点心，然后试几件新衣服，再摆弄下肉肉和杂货们，漫长的时光会在这一刻停滞，一个下午就会在快乐中倏然而过。肉肉、咖啡、好友，一旦陷进去，便不会再想出来。

而此刻，一帮女人的梦想，也会在这里滋生蔓延。便想着，过些年，等孩子们都大了，没有了工作和生活的压力，每天邀一帮志同道合的老太太们，一起种花喝茶，一起逛街聊天，一起活力四射。

主打的衣服得单独给它配景。▶

▼ 即使没有合适的衣服可买，买盒肉也好啊！

▲很喜欢这样的搭配，非常有女人味。

SUCCULENT COMBINATION

意境是"组"出来的

文图 / 二木

　　意境，是玩艺术的人追求的高格调。一件肉肉作品，或沧桑幽远，或恬淡宁静，或酷劲难挡，或呆萌可人……想要何种意境，关键看你如何将它们搭配组合，说到底，意境都是"组"出来的。

单盆多肉植物组合搭配

▲像小玉这类垂吊型的多肉适合选择较高盆器。

多肉植物组合盆栽不单指将各种不同品种的多肉植物种在一起，单盆植物与花器的组合也应算在内。单盆植物组合大多选择多肉老桩，组合好的多肉盆栽其意境类似于盆景，我们姑且称之为多肉盆景。这也是多肉植物的另一个玩点，目前非常流行。

多肉盆景的组合需要注意两个方面。

1. 风格各异的的花器

花器的风格不一样,盆景呈现出来的韵味也不尽相同。文艺的的,可爱的,沧桑的……花器最好要小一点。

2. 对多肉植物的各个科属品种的习性要有一定了解

这点不同于传统盆景。多肉植物盆景里有一些造型是在种好后让其自然生长而呈现出来的。不了解习性进行搭配,盆景很快就会变形。例如,景天属里的小叶品种在圆口花盆里看起来会非常自然；而石莲花一类的莲座型多肉植物非常适合常规圆口花盆种植,口径大一些更有利于生长,表面铺上干净的石子后也非常美观,大面积摆放效果很震撼,而花盆高在 **10cm** 以内最合适。石莲花一类的多肉植物以观赏植物本身为主,选择盆器时只要适合植物生长的即可。

多肉植物单盆搭配有时会出现很意外的效果,植物种好后会不停生长,后期生长出来的、非人为控制的形态也更加自然。一些枝干较长的老桩多肉植物,使用高盆栽种效果是最好的,一些直立生长的多肉植物也可以使用高盆栽培。

▲ 爱斯诺等莲座型多肉植物用常规圆口花盆非常合适。

◀ 姬秋丽等肉肉种好后不停地生长,呈现出来的状态也会让你惊喜。

▲静夜等族生的多肉植物应采用宽口径的花器来种植。

▲ 黑法师等直立生长的类型可用收口的花器，它在组合里作为高层次的素材来应用。

垂吊型的多肉植物。这类植物可以使用高盆或者吊兰盆栽种，用高盆栽种可以单独放在一个木桩或者柱子上，任其自由垂吊生长。花盆高度在 **25cm** 以上，口径 **12~15cm** 最为合适。另外，石莲花的花箭也很有特点，不用剪去，留着观赏也是非常不错的。

黑法师系列。黑法师在单盆组合里是比较特殊的，特性是枝干不断长高，底部的叶片干枯掉落，最后变成向日葵一样的造型。因此，黑法师不论是在单品种还是多品种组合里都能作为一个高层次的素材使用。因为枝干生长缓慢，可以利用这一点使用一些收口的花器，比如花瓶一类的都可以。底部没有出水孔也没关系，垫上半花瓶的小石子就可以了。

长出枝干的老桩。可以根据植物大小种在小一点的花器里，这样的小型盆景能一直保持这个组合形态，只要养护环境适宜，两年内都不会有太大变化。直立生长的多肉植物是高盆组合首选，既能表现出植物的美，又不会挡住花盆的美。

簇生系列。簇生的多肉应使用宽口径的花盆进行搭配，花盆高度同样控制在 **10cm** 以内最佳。如果高于 **10cm**，需要在花盆底部填上一层石子。目前流行的石莲花类簇生的多肉一般是横向生长，使用太高的花盆组合栽种，从整体形态上看起来会很奇怪。

一些特殊的簇生品种既可以作为吊兰用高盆栽培，也可以控型于宽口浅盆里。这样的单盆组合与养护有很大关系。迷你型石莲花可以使用较大的花器组合，单品种爆满一盆也是非常有型的，但这需要较长时间的栽培养护才能形成。一般将素材满满种上一盆后，最少要 3 个月以上，等它们自然生长恢复过来后才能看出整体效果。

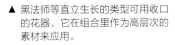

TIPS

多肉单盆组合与传统花艺相似，主要考虑植物的颜色、形态以及与花器的协调搭配。有以下要点：

1. 颜色上选择与容器反差比较强烈的往往会更抢眼。
2. 花器与多肉植物都选择使用素色搭配，看起来会更加自然。
3. 根据多肉植物的大小选择比植物体积更大的花盆，避免出现植物过大，花盆过小的情况。
4. 根据多肉植物的习性来选择。

多肉植物组合盆栽

不同种类的组合

许多花友都认为将多肉植物混种在一起不容易养好，其实不然，但这需要根据气候环境，来调整组合盆栽里的品种，以及后期的养护方式。

入门练手可以尝试平面组合盆栽，这类组合非常简单，主要看个人对色彩及平面结构的感觉。花盆规格：高度 **6~8cm**，口径 **15~20cm** 最佳。选择好花盆后根据花盆大小，挑选颜色不同、体型较大的多肉植物作为主体（首选石莲花），再挑选出颜色亮丽的品种作为配饰（比如黄丽、铭月、姬胧月、塔洛克、青锁龙等），最后准备一些填补空隙的护盆草（如黄金佛甲草、薄雪万年草等）。

都种好后表层还可以铺上小石子，遮盖土壤。这样的组合若养护得当其造型可以保持 **1~2** 年以上，但如果养护环境较差，缺少日照的话，一个月后就会开始变型。

▼ 不同种类、形态类似的肉肉组合，会非常搭调。

同一种类的组合

同一种类的多肉植物在生长及养护习性上相差不大，只需要根据这类植物的特性给予一些在自然界里的环境，就可以让它们生长得很好，并且可以长时间保持美观的形态。同样，根据这类植物在自然界中的环境和习性，可以在组合盆栽里加入枯木、石块等元素，看起来会更加自然。如果不想种出高矮层次，使用石块儿来进行分区隔断也不错，有条件可以常备一些红色的火山岩石块，这是组合里常会用到的素材。

平面的组合盆栽，非常适合入门的肉友来练手，体型较大的作为主体，色彩亮丽的小型种类作为配饰，填补空隙用护盆草。

TIPS

铺面材料能提气。利用铺面石子的颜色来与多肉植物作出鲜明对比：使用亮色的花盆作为主体（地中海蓝、绿色、红色等），再配合颜色鲜艳的多肉植物进行组合。这样的多肉植物组合是最抢眼的，但这样状态的多肉植物非常难养成，需要有很好的环境和空气才养得出这么鲜艳的色彩。

办公室也能养好多肉。常听有人说：在办公室密闭的环境里养不好多肉植物，即使窗台有足够的日照，也不能养好。其实这是不正确的，关键在于养的人是否关注自己的多肉植物们。玻璃的确能够阻隔大部分紫外线，不过只要窗台能保持3~4小时以上的日照时间，这些多肉植物们不但可以养好，颜色也会变得更加果冻。

芦荟及十二卷等一类的多肉植物更加适合办公室或卧室摆放，这类植物所需要的光线较少，也不容易变形，而且品种数量也非常多，高低层次也有许多品种可以选择。如果说最适合办公室的多肉植物是什么，就是这类了。

散养最自然。如果是喜欢看着多肉植物们慢慢长大的感觉，可以将一些同种类的小苗分散种在花盆里，经过一年后自己就能变成一盆漂亮的组合盆栽。我们只需要把它们放在一个适当的环境里。

WREATH DESIGN

多肉花环制作

文图 / 二木

多肉植物花环是最常见的组合方式。花环可以悬挂，也可以摆放在桌面上，应用很广泛。

制作步骤

图①② 准备材料。材料包括用来组合的各种多肉植物，以及定植材料——水苔。

图③ 容器准备。用铁丝做成一个环形容器，容器花市上也有销售。

图④ 将定植材料水苔塞进铁艺容器里。

图⑤⑥ 将多肉植物陆续定植在水苔中，最后可用镊子辅助定植。

WREATH SHAPING

多肉花环整形

翻译 / 赵芳儿

多肉花环在做好之后，因为肉肉在不停地生长，经过一年半载，很多都会变型。该如何保持花环的形状呢？

方法很简单，将长高的多肉植株的茎杆留 2~3cm，将上面的部分剪下来即可。经过一个多月，花环上的老的茎杆上，将会重新发出很多新的多肉植株。

修剪的时候注意，很多还没有长高的植株不用修剪，等长之后再修剪。修剪在留桩时，若能同时保留一片叶子在茎杆上，会更有利于长出新的植株。

修剪之后，将花环和断头放置几天，待伤口变干之后，再给花环浇水（若伤口不变干，可能会腐烂）。而剪下来的断头，可以重新将其插入花环中。插之前先观察一下花环中哪里有空缺，哪里的生长势比较弱，然后将断头插进相关的位置便可。当然，这也需要在修剪时将断头带一定长度的茎杆。

经过修剪和重新补充断头之后，不用多长时间，花环就会重新变得丰满起来。

（文章选自 www.succuhent sunshine.com）

图① 做好的花环经过两年的时间，肉肉不断长高，参差不齐。
图② 修剪花环。将过高的植物剪掉，老桩上会长出新的植株。
图③ 剪掉的断头可以重新插在花环上。
图④ 经过修剪后几个月，花环重新变得丰满起来。
图⑤ 经过修剪已经恢复好的方形花环。

TIPS

花环浇水小贴士：

给花环喷水时，最好将花环取下来放在草地上，因为在悬挂时喷水，水直接往下流，水苔吸水不充分。放在草地上浇水有助于水苔充分吸水，而且，也可以冲走花环上的灰尘，以及滋生的病菌和虫子。

LATIN NAME
拉丁名
——肉肉的身份证

文 / 秋涵

坦诚地说，对于新入坑的多肉爱好者而言，知不知道拉丁学名其实根本无关紧要，甚至知不知道中文名字都不重要——只要好看就够了。但如果你想更进一步地探索多肉王国，那么拉丁学名可是张颇有用处的通行证。

为什么要知道拉丁名

首先，拉丁文学名以及其所代表的分类体系是世界通行的标识方法，有助于全球交流。毕竟，园艺多肉中常见的拟石莲属、十二卷属等均非国内原产，国外对这类植物的研究时间更久也更权威。掌握拉丁学名，无疑是接触这些高品质资料的必要条件。

其次，拉丁学名代表这个物种在植物分类体系里的地位，也涵盖了它的一些历史和特征。如果你知道丽娜莲的拉丁文名为 *Echeveria lilacina*，你便知道了她是景天科拟石莲属的一个原始种，该属原产于墨西哥，属名是为了纪念西班牙博物学家 Echeverria，而种加词 lilacina 的拉丁词根意为紫色的，是在形容她叶子那独特的色泽……

而当你用这番话向朋友介绍你家阳台上那棵价值区区 10 元的丽娜莲时，格调可不是"丽娜莲"这三个字能比拟的。逼格高，这也是拉丁文名的另一大好处。

另一个比较实用的好处是，拉丁学名是否准确是鉴定商家和信息来源可靠性的一大法则。但凡拉丁学名标错的，其可信性便大大降低了。

当然，常常有人怀疑拉丁名及其所代表的分类学真的比大家口口相传的俗名优越吗？答案是：对。因为这是科学且系统的分类，*Echeveria lilacina* 短短两个单词所蕴含的信息极其丰富，也不会造成任何误解，远非"丽娜莲"三个字可以比肩。而且，正因为同一物种的科属可以不断被推翻、论证、修改，分类学本身才是科学的。这正是人类认识事物的客观过程：随着一步一步地深入了解，我们愈加明白它们在生态系统中的地位、在演化史上的角色，以及我们人类自身和整个大自然的关系。这正像是人类文明的缩影——每一步都是摸索着、踏踏实实地走过来的。

基本拉丁文与二名法知识

作为一种优美的分类体系，拉丁文二名法却相当简单易懂。它主要分为两个类型：

1. 原始种

原始种是指在大自然中有野生栖息地的物种。这类多肉的拉丁学名是标准的二名法，即通常包括两个拉丁文单词，第一个单词是属名，首字母大写；第二个单词叫做种加词，是这个物种的名字，全部字母小写。比如可爱的丽娜莲是 *Echeveria lilacina*，可以简写为 *E. lilacina*。你要是看到谁写成了 *E. Lilacina*（种加词首字母错误大写），请毫不犹豫地发出不屑的冷笑。

在信息来源可靠的情况下，只要看到第二个单词全部小写的多肉，必然是原始种。原始种的发布和命名有一套非常严谨的流程，一定会有较为翔实的资料可查。如拟石莲属，目前确定的原始种约有 140 余种，如果你在淘宝上发现没见过的原始种，又找不到任何外文资料，那么这东西十有八九是店主扯淡呢。

有时候，原始种底下还会有亚种、变种和变形。亚种（subspecies）是与该原始种有显著且稳定的区别、有自己的产地且有一定物种隔离的分支，写法是二名法＋ ssp.＋亚种名，如 *Dudleya virens* ssp. *hassei*，银龙舞。变种（varietas）与亚种的区别是没有生殖隔离，但还是有自己显著且稳定的特征，也有自己独特的领地，写法是二名法＋ var.＋变种加词，如 *Echeveria setosa* var. *deminuta*，小蓝衣，它是锦司晃 *Echeveria setosa* 的一个变种。而变形（forma）是更低一级的分类，仅代表特征显著且稳定，并没有自己独立的领地，写法是二名法后＋f.＋变形加词。比如勃兰特是 *Echeveria colorata* f. *brantii*，卡罗拉的一个变形。请注意，无论 ssp、var、f 还是后面名字，全部字母都是小写的，且只有属名可以简写为 *E.*，后面的不能省略。

2. 园艺品种

或许与很多人理解的不同，判断是否为园艺品种的主要依据是"是否为经过选育的无性系"，这段话的重点有二：选育和无性系，与是否杂交并无太大关系。有的时候，不同园艺品种的亲本甚至会是一样的，但由于选育自不同的无性系，样貌会有差别。

与原始种不同的是，多肉园艺品种的命名并没有严格的审核或登录制度，一般是由培育者起名并售卖，有时候也会由市场决定。

园艺品种的写法通常也由两部分构成，第一个单词仍然是属名，拉丁文，首字母大写；第二个单词叫做品种加词，需要首字母大写，并用单引号括住，可以不是拉丁语。比如'紫珍珠'的名字是 *Echeveria* 'Perle von Nürnberg'，因为培育者是德国人，所以品种名是德语。你要是看到有人写 *Echeveria* 'Pearl of Nurnberg'，完全可以嘲笑并指责他不尊重培育者的国籍。要是看到有人说纽伦堡珍珠和紫珍珠不是一个东西，请再次发出不屑的冷笑。请注意，单引号不能省略。

在国内广为流传的一些资料中，有种类似 *Echeveria* cv. Perle von Nürnberg 的写法相当盛行，这确实曾经是园艺品种的意思，但十几年前便已被《国际栽培植物命名法规》淘汰。所有 cv. 的写法都应当用单引号替代。

而对于少数没有经过杂交的无性系，它们有带上原始种种加词的特权。比如 *Echeveria runyonii* 'Topsy Turvy'，特玉莲，是原始种 *E. runyonii* 鲁氏石莲花变异后由人工选育并通过无性繁殖得到的园艺品种，它可以在名字中带上鲁氏的名字，以彰显其血缘。但杂交品种不得带有父母本任何一方的名字，以免造成误解。所以你要知道，市面上许多标着"东云系xx"的品种其实都是东云的杂交后代，根据国际法规本不该带有东云的名字，左右不过是沾上东云的光好卖钱罢了。

多肉植物，尤其是景天科多肉实际上是相当没有节操的一群家伙，在物种间都会有生殖隔离的自然界，它们之中的许多居然可以跨属杂交。杂交属名的拼写通常是两方属名的糅合，前面加上"x"字以表示杂交，比如 *xGraptoveria* 风车石莲属（风车草属 *Graptopetalum* 与拟石莲属 *Echeveria* 杂交），*xPachysudem* 厚叶景天属（厚叶草属 *Pachyphytum* 与景天属 *Sedum* 杂交），乃至最没节操的 *xPachevedum*（厚叶草属、拟石莲属与景天属三属杂交）……应用的时候则后面照常跟品种加词，如 *xGraptoveria* 'Silver Star'，'银星'，是风车草属菊日和与拟石莲属东云的杂交后代。请注意，由于杂交在自然界中十分罕见，故杂交属中只有园艺品种，不会有原始种。

说起杂交、选育、各个属的特点乃至圈内八卦又是聊不完的话题，多肉植物也只是园艺界一个小小的分支。今天我们提到的命名规则其实放到整个植物界都适用，只希望能借着美好的多肉将大家引入更缤纷的园艺与植物世界！

SUCCULENT PAINTING

用画笔记录多肉之美

图文 /song 丹青

　　种多肉三年有余，由于画画出身，于是朋友常戏称我的多肉组合色彩如同打翻的调色板。当肉肉美美地呈现在面前时，画笔不自觉地舞动起来，细细观察它四季一丝一毫的变化，用画笔记录下来。

　　如果您对多肉有着深深的爱，如果你想记录它的点滴变化，那么一起拿起画笔来吧。

作者简介：

song丹青本名张劲松（新浪微博：Song丹青）画家，苏州人，擅长真丝手绘、水彩画。著有图书作品《水色斑斓——让画作极具美感的水彩画技法》。作者也是一位多肉达人，擅长多肉组合。

多肉水彩画步骤

1. 用铅笔打出轮廓，尽量一次成功，少用橡皮。

2. 先用三种颜色，在不起眼的地方尝试互相套色（趁湿晕染），第一次画，红色尖尖的位置一定要先画。

3. 有了步骤二的实验之后，可以用蓝紫两色将小朵的其余叶片统一上色。注意颜色深浅及适当留白。

4. 加深小崽的暗部，并且把小崽的红尖画起来。同时渲染大朵的红晕。

5. 蓝紫两色大面积同时渲染大朵的叶片，所有亮部的留白非常重要。笔头颜色的浓淡也要适当变化。

6. 深一套的蓝紫加强立体感。

7. 整体调整，加强红云部分的立体感、画出花盆及阴影。

 小启示：

在这组多肉画中。一大一小两头，大头是重点，小头是次要，花盆也需要减弱对比来烘托大头的色彩及多肉肉嘟嘟的立体感。

画画是个循序渐进的过程，如果你想达到一定的水平，多观察、多思考，一定会越来越棒。加油我的小伙伴！

SUCCULENT GROWING

那些达人们的养肉秘笈

　　有人说：肉肉难养，有人说：肉肉易养，易和难的区别，其实就是各自的方法。每位养肉达人都有自己的一套，这是经过多年的锤炼得出来的经验，对于新手来说，当然是入门之秘笈。

选好盆，配好土，控好水和光

文 / 米米小译天

　　80 后的我，出身化学专业，2010 年初疯狂地爱上了种植。2012 年，机缘巧合购置了一套小排屋，一家三代人住在一起同享天伦的同时，也有了更多的种植空间。尤其是二楼南面开放的小阳台，上有避雨的屋檐，下是全玻璃的栏杆，通风好，日照好，俨然就是多肉的小天堂。

　　关于花盆。在种植的过程中，我对花盆的喜爱也日益增加，各种风格的花盆都往家里搬，瓷盆、陶盆、粗陶、韩式、铁艺、藤编都没有错过。种得多了，就发现，原来花盆不同，管理要不一样啊。瓷盆保水不透气，浇水频率要低；陶盆透气不保水，浇水频率就要高；塑料盆虽然不美观，但是可以节约空间。

　　关于浇水。江浙地区，其实并不是种植多肉的最佳地区，所幸我已经能根据气候和生长习性安排它们的生长场所。6 月底～ 8 月底，耐受力强的品种可以全日照，而耐受力差一点的，就搬在半阴半日照的屋檐下。一般这两个月，多肉植物需要半日照，我给水的方式是 7～15天一次，在日落后沿着盆边少量浇水。在冬天，江浙地区持续雨雪的概率很大，所以一般 5℃以下，我会把全露天的肉们都搬去晒衣服的阳光房里，24 小时门窗开着通风；二楼阳台的肉基本不用搬家，那里日照充足，也不会淋雨，即使是 -5℃ 我也让它们就在那里度过。低温多肉植物冻伤的主要原因是介质和叶片含水量太高，所以冬天浇水也要注意。在最冷的 12月底～2 月底，要给肉肉们充足的日照，低温强日照会让它们很快就上色，形状也更美。浇

水 7~15 天一次，在晴朗的天气上午沿着盆边少量浇水。

　　除了上面讲到的夏冬各两个月之外，其他季节都是干透浇透，日照充足就好。新手们可以简单地记住一句话："夏天少晒太阳少浇水，其他季节多晒太阳少浇水。"

　　关于露养。我除了在二楼阳台种植多肉外，还有不少在露台上露养。江浙多肉露养，有一些条件。首先，在秋天开始露养。秋天是多肉生长最旺盛的季节，也是江浙雨水最少的季节，这时开始露养，可以培养它们的耐受力。其次，养健壮后再露养。新买的植物到家后，可能是砍头的（也就是没有根），需要发根，带根的植物也需要缓苗，所以建议先避雨种植 1 个月左右，再开始露养。再次，露养要注意病虫害。因为露养更接近大自然，蜗牛、鼻涕虫乃至蛾类蝶类的毛毛虫宝宝们，都会蜂拥而至。最后，极端气候下一定要搬回来。比如夏冬的各两个月，一场雨后暴晒，一场雪后冰冻，都可能让它们撒手人寰。

TIPS

新手建议
建议新手先了解多肉的习性，结合自家的环境，从便宜的品种开始种植。避免将多肉植物放在室内。
新手必备常识
1.种植介质。一般家庭种植推荐使用泥炭（1份），鹿沼土、硅藻土、谷壳炭等颗粒介质1~2种（2~3份），也就是说泥炭和颗粒介质的比例大概是1:2，或者1:3。陶盆透气水分蒸发快，颗粒介质少一点；塑料盆、瓷盆不透气水分蒸发慢，颗粒介质多一点。颗粒介质少，浇水频率低，颗粒介质多，浇水频率高。
2.种植环境。首选通风、日照好且避雨的场所，不能同时兼顾的，可以短时间在室内等温和场所避难。长时间日照不足容易导致植株徒长，很多人都不愿意看到萌萌的肉肉变成了脖子细长的长颈鹿，所以即使在高温的夏天和低温的冬天，也不要让肉肉在室内太久。

容器和摆放位置有讲究

文 / 魏民

在对家庭养殖的环境来说，一般对植物摆放要注意的是，喜光的植物尽量放在靠近窗台的位置，尤其是一些景天科和仙人掌科的植物，它们对光线需求较高。较强的光线既可以使它们的颜色更鲜艳亮丽，而且株型也更容易丰满圆润一些。而一般百合科的植物，尤其是十二卷属的植物，它们对光线要求稍低，可以放在离窗台稍远的地方，或者靠近地面的位置，散射的光线更适合它们对光线的要求。

在种植容器方面，一般现在以透气性较差但相对美观的陶瓷盆或塑料盆较多使用。这就要求大家在种植的时候，尽量使用比植物直径稍小的盆，这样养殖基质可以在相对短的时间内干燥，另外就是可以加大颗粒的比例。浇水则是尽量等待基质完全干燥以后再浇。这样植物根系不容易腐烂，而且植株更容易保持株型不变。另外需要注意的就是通风问题。因为阳台环境一般较为密闭，通风不良的情况下植物生长较差，而且更容易引起病虫害。所以一般摆放要疏散一些，并且在可能的前提下多开窗通风。

新手必备14条

文 / 小岛向北

1 通风最为关键，不然黑腐找上你。

2 尽量忍住手，浇水频繁毫无益处，多肉植物的原产地注定了它们不能承受过多水量。

3 度夏不易，要对死亡有心理准备。

4 梅雨季节尽量避开湿度过高的天给水。

5 国外网站的首发照片对辨认品种大有帮助。

6 用土以透气为原则。

7 秋季是入肉的最佳季节。

8 拉丁名，能方便你平常更准确地检索到品种相关信讯。

9 过冬做好加温工作。

10 一些品种是很容易徒长的，购买时要注意。

11 夏天尽可能不要直晒过久，否则惨不忍睹。

12 韩系上釉瓷盆很美丽，但要更加注意通风。

13 盆不要过深。

14 刚到家的多肉仔细检查根系有无病变干枯。如有，去除后放在散光通风处，确认干燥了再上盆。

养肉唱好四季歌

文 / 小静

春

厦门的春季较北方地区是比较短暂的，3 月份日最高气温基本都已达到 20℃ 左右，日照时间的加长加速了根系和新芽的萌发，但 4~5 月就迎来长时间断断续续的梅雨季，如不注意适当遮雨避免积水，容易导致烂根掉叶。这个时间段也是很容易诱发病虫害的季节，更是要加强通风换气。春天是多肉储备养分的季节，打好基础才有强健的体魄迎接炎夏的考验。

1. 不要突然全光照

经过漫长的冬季，肉肉相对比较虚弱，春季又是一个温差变化非常大的时候，突然的全光照，会让植物无法抵挡暴晒下紫外线的侵袭，肉肉的叶片出现灼伤的几率非常大。因此，多肉植物在初春的时候，不能肆无忌惮地给直射光，要循序渐进增加日照时间，让肉肉适应户外环境，再给予肉肉充足的光照。

2. 不要让肉肉太渴着

春季是生长的季节，在生长期的多肉植物对水分的需求量是相当大的，虽然水多容易变绿，但想让它长得快些千万别错过这个时机。给水的频率基本遵循"不干不浇，浇则浇透"的原则即可，根据不同花盆的透气情况控制好浇水间隔。肉肉干透浇透是没错，但是浇透之后不要第二天马上大强度光照，而是要逐渐加强光照，要不很容易整个花盆内部形成"蒸桑拿"状态，根系不够强健的当然会受不了，如何浇水后让根缓慢吸收也需注意。

3. 病虫害要早预防

春季是各种病虫害最为活跃的时刻，要早发现早预防。尤其是叶背、根茎部更是病虫害易于发生的地方。厦门春季温差大，温度不稳定，建议隔一个月左右在浇水时可使用些多菌灵之类的杀菌药物，这样可以有效防止一部分冬季不健康的植株，因给水而感染细菌，导致植株根系的腐烂。如遇大量介壳虫，可用"介必治"专门防治。注意切忌喷药后晴天暴晒，叶片基本都会受不了牺牲掉。

除此以外，如果发现肉肉长时间停滞生长，请立即拔出进行修根调整，重新生发的新根会使多肉生长更加强健。换土、换盆、追肥，都是促使多肉在这个季节迅速生长，充分储蓄养分的必要手段。

夏

进入 6 月，厦门还会继续一段湿热的梅雨季，无论哪一种的多肉，都应避免暴雨和长期淋雨，尤忌雨后强光暴晒。

夏季良好的通风环境尤为重要，是多肉生长存活的关键。这个季节开始要合理使用遮阳网给多肉防晒降温，完全暴露在阳光下晒伤晒死的可能性极大。一直到 8 月，秋老虎还在继续发威，养护要点依旧是通风降温。其实夏季雨水多，空气潮湿，虽然看似土壤表面已经干燥，但底部仍未干透，南方地区更是如此。

大部分多肉在夏季是不能断水的，但可以适当拉长浇水间隔时间，避免积水导致盆内高温湿热引发根部腐烂。

秋

厦门夏季持续时间较长，9 月初阳光依旧毒辣，这时切忌突然把放遮阳网下的肉肉拿出去全日晒，很容易把叶片晒焦。10 月开始凉爽宜人，日夜温差较大，再次进入多肉的生长旺季，但初期生长速度较为缓慢，可适当浇水，但不宜多，也不要施肥，以免因肥、水过大造成烂根，等植株彻底恢复生长后再进行正常的水肥管理。 10~11 月要给予充足的光照和水分，使其尽量多吸收阳光，有益于株型的美观，感受到秋天带给多肉植物的美好色彩。另外要注意秋季是厦门的台风、强风暴高发季节，要格外小心。

冬

12~2 月，厦门气温基本都能保持在 5℃ 以上，大部分时间可以把肉肉放置在户外，尽量多给予日照。到了 1 月，进入冬季最冷时期，这时必须减少浇水频率与浇水量，但并不是一点不浇，那样肉肉也会干死的。若遇寒流或其它恶劣天气，不论哪种类型的多肉植物都尽量移入室内。寒冷时更要注意做好遮雨措施，避免雨后低温对多肉造成霜冻伤害，有些品种叶片较容易化水。到 2 月厦门已开始有了春的气息，气温逐渐升高，又将迎来一年阳台最繁忙的时期。

JOJO INTERVIEW

过有肉的慢生活

文 / 印芳　图 / Jojo

"Slow down to enjoy your life，在快节奏的生活中，多花一些时间去关注自己的心灵，关注周围的环境，关注家人和朋友，享受有品质的慢生活……"

——Jojo

Jojo，园艺作家，《多肉植物新组张》作者，花艺在线网多肉植物组合盆栽讲师，被业界多家园艺展会和交流会邀请作为多肉植物演讲嘉宾，2014青岛世界园艺博览会组合盆栽国际大赛银奖获得者，曾被CCTV《焦点访谈》、《中国花卉报》等多家媒体报道。

我说：Jojo，《花园时光》马上就要出新专辑了，分享一下你玩多肉的经验，可好？

我是无意间在网上发现 Jojo 的多肉组盆作品图片的，那些本来就很可爱的肉肉，经过她的重新创作组合，萌态中又透出一股子文艺范儿，意境深远，让我垂涎欲滴。于是，也不管跟她熟不熟悉，不惜调整已经确定好的版面而延缓出版日期，冒昧地电话给她。

"好呀！"对方很爽快，"可是，我现在正在忙于门店的开业，你可能得等一等哦"……

Jojo 说的门店，就是如今在圈内已名声大噪的叁月草堂。那是一个以多肉植物为主题的休闲场所，是一个可以让你足不出城，就能放松心情，回归田园朴真的所在，邀上三五好友，一杯咖啡，坐在种满肉肉和香草的院子里，花香袅绕，流水阵阵，抬头还可以望见头顶的星空，欣赏之余，你也可以把玩那些萌萌的肉肉们，系上围裙，拿起工具，或给它们组合一个新家，或拿起画笔给它们来张特写，抑或随意地给它们浇浇水施施肥……

第一次去叁月草堂时，正值 10 月，秋高气爽，阳光透过玻璃窗，洒满一屋子的金黄。外面院子里的虹之玉、姬胧月正在慢慢变色，莲花座状的黑法师也待换盆，香草们的花季已经结束，正好可以采来制作干花、香囊……浇水、换土、整理残花，这样与它们亲近，累了便伸伸懒腰，竟忘了是身处北京三元桥这样繁华的地儿。

扎着一对小辫儿，头戴草帽，身穿白色棉质长裙，踩着一双平底鞋的 Jojo，如同邻家女孩般恬淡清纯。看她穿梭在花草和客人们之间，给大家讲解，从容而享受的表情，让我羡慕之极——这就是我想要的慢生活。

但在这之前，Jojo 也和大多数白领一样，过的也是朝九晚五、公交地铁的节奏。Jojo 毕业于北京大学，走出校门便被一家上市企业相中，做了市场部策划经理。但是加班、熬夜……这样快节奏的生活让她身心俱疲，她决心让自己的脚步慢下来，认真地去生活。

这时候，肉肉们的出现改变了她的生活轨迹。Jojo 之前就很喜欢花草园艺，也曾养了很多花花草草，但是因为一个"忙"字，很多花草都陆续挂掉了。只有多肉植物，即使十天半月不浇水，也长得很欢实，而且秋季还会绽放出特别美丽的状态。怀着对多肉的热爱和对慢生活的向往，2012 年 11 月，Jojo 与两位热爱植物，热爱慢生活的姑娘在北京创建了叁月草堂，"享受慢生活 Slow Down To Enjoy Your Life "是叁月草堂一直在倡导的一种理念，叁月草堂希望人们在快节奏的生活中，多花一些时间去关注自己的心灵，关注周围的环境，关注自己的家人和朋友，享受有品位和质量的慢生活。

然而，在北京三元桥这样寸土寸金的位置，开一家百余平方米、带着院子的花店，相信很多人都像我一样，为 Jojo 担着心——这可是日租上千的地儿啊，一天得卖多少株肉肉，才能将租金和人员成本赚回来？

和 Jojo 聊完天后，觉得和我一样有着这样担心的人，都太"low"了。因为对于品牌推广科班出身的 Jojo 来说，她的经营思维，当然与普通的花店经营不一样。

"挣钱的方式有很多种，我们不是只盯着卖产品这一条。"Jojo 说。

果然，叁月草堂在开业不久后，就有明星相中了这里的

环境，来这里拍写真集；还有取外景的、拍产品广告的都纷至沓来，都是因为叁月草堂与众不同、自然而美丽的环境；每个周末，还有顾客带着孩子来这里体验亲子活动；甚至有些知名企业，专门请叁月草堂的工作人员，去给他们的客户就如何玩多肉进行讲座，有的还将客户答谢 Party 放在这里……这些业务带来的收益，远远超过纯粹产品的销售。

　　如今，Jojo 的粉丝越来越多，她也忙于各种关于多肉植物的讲座，并于今年出版了一本多肉植物组盆的书《多肉植物新组张》，她很愿意将自己的经验分享给他人。当然，曾经爽快答应我的稿子，也还一直欠着我。直到今天，才终于还给了我。

　　"希望大家都能够通过多肉植物的养植享受到惬意的园艺慢生活"，Jojo 的愿望，也会是你的愿望吗？

SEED
PROPAGATION
看肉肉们如何破土而出

文图 / @ 忆彼年豆蔻

　　砍头、叶插，这是常见的多肉繁殖办法，但对于品种收集控来说，有些母本国内难以寻觅，有些品种不适合自体繁殖，有些成株昂贵超出预算，因而播种渐渐成为多肉圈里的高阶风尚。

　　播下一粒种，看一点点绿意从土壤中冒头，在自己精心照料下渐渐长大、上色、成型，有人从中可以疗伤，有人收获成就。对于热爱播种的人来说，虽然只是埋头带大小苗，但恍然间似乎也经历了一些什么，譬如生长，譬如生命。

播种时机：开始的开始

多肉播种主要看大环境的温度，不同品种对温度需求情况不一。总体来说，仙人球类需要的温度比较高，**30℃**以上都可以；生石花类也就是通常说的"小屁股"次之，需要**25~30℃**的环境；景天类 **20~25℃**，仙女杯、莲花掌、肉锥这些，基本就要到 **20℃** 以下的天气。当然各个大类里的不同品种也有差异，这需要在实践中摸索。

种子：小小尘埃里的力量

多肉植物的种子大多很小，小到第一次看见你会以为不良卖家发了几粒灰尘细屑。播种的时候不小心打个哈欠就会全部吹飞——不是和你开玩笑，类似的哭诉见过不少。少数如仙人球，十二卷等大型品种，种子会稍微大一些，但比小米也会再小一些罢。对照一棵肥美艳丽的石莲花，你会惊叹一粒尘埃般大小的种子，竟蕴含着那般神秘的生命力。因而种子的价格相对体积来说，妥妥地超过金价，很不幸这给造假的人带来了商机，所以在决定播种前你先要学会分辨种子的真假。

播种：在生活的每个角落

首先是容器，播种的容器各式各样，有专业的播种盆、穴盘，但其实可乐瓶、酸奶罐、一次性饭盒都可以。稍有些播种经验的人都不会使用市场上常见的 **9** 格、**12** 格育苗盒。因为如果你想要播多个品种的话。由于不同品种的发芽时间不一样，后期料理上会带来很多麻烦。

然后说到土壤。多肉经常会被当作"懒人植物"推荐，因为一般来说不需要经常浇水、放在阳光充足的地方，它们就能打理好自己，给你呈现各种激萌的美丽。而在播种时，总体上要和成株有些区别，需要颗粒更少、土壤更细，泥炭、蛭石占比更多些，保水性好一些。播种一般没有绝对的配方，适合当地大环境、家庭养殖小环境的特点即可。但在播种前土都要浸透，保险起见可以用加了多菌灵或者高锰酸钾的水来浸盆，以起到消毒去霉的作用。

前面说到多肉的种子非常小，很难用常规挖个坑、丢粒种的传统办法来播种。如今圈内身体协调能力和纠结程度，产生了不少播种流派；有点播流，即利用牙签、曲别针，或者自制更专业的点播工具，坚持一粒一粒排成行，这样均匀美观且后期移苗的时候也相对便利；还有就是拥有更广泛群众基础的撒播流，把种子倒在一张对折的白纸上，轻轻撒在土表，这样做不至于头晕眼瞎，但如果和我一样是手抖型选手，通常出苗以后能清晰地看出当时菜鸟的撒播轨迹。

养护：付出的总会有收获

　　种子种下后需要保湿，一般可以用保鲜膜或者一次性饭盒盖住，放在家里没有太阳直射的散光处，每天揭开几次透气，在小芽破土而出之前都不用再浇水或者浸盆。等到播下去的种子大部分都出芽，就可以揭去膜或者盖子，这时候的小苗纤弱娇嫩，茎部甚至是透明的，它们需要阳光，不然会长成瘦瘦高高的豆芽菜，但不能被猛烈的太阳直晒，建议隔着玻璃逐渐给予日照，慢慢增加直至放到室外。

　　多肉播种有个说法，发芽后才是开始。有时候种子的出苗率达到100%，但是一个疏忽可能最后只有零星几棵小苗能够长大成株，小苗的养护是一个长期的、需要耐心的历程。首先是水分，小苗养护期间需要注意保湿，不能像成株见干见湿，需要定期给水，我习惯两三天给一次水，以至土表长出了不少青苔，被谑笑职业养青苔，但小苗们的水分得到了保证。其次要注意防虫，尤其是小黑飞的幼虫，鲜嫩多汁的幼苗是它们绝佳的食物，我损失的小苗绝大部分都是丧身虫口，一夜之间一盆长势茂盛的小苗就被啃得精光，或者被啃掉根部慢慢死去。我的应对办法是黏虫板，在小黑飞产卵前消灭掉虫子，这个方法有些守株待兔，但的确取得了不错的成效。家里有孩子或者其他情况不便打药的话，也可以尝试用烟丝泡水来浸盆，有部分花友用这个方法据说也能起到杀虫的效果。

THE SUCCULENT HYBRIDIZATION

聊聊肉肉"杂交"那些事儿

文 / @ 种花小医杂家赵　图 / 二木

"杂交"是获得肉肉新品种的重要途径，也是众多资深肉友们乐此不疲的玩肉方式。杂交究竟是什么？如何将肉肉进行杂交？有哪些需要注意的地方。

花粉未成熟的花苞不能用于授粉。

杂交是什么

要了解杂交的概念，首先要了解有性繁殖和无性繁殖。

无性繁殖是指不经生殖细胞结合的受精过程，由母体的一部分直接产生子代的繁殖方法。比如扦插、分株、嫁接等，都属于无性繁殖。无性繁殖可以快速增加植株数量，还能保持植物的性状。

杂交属于有性繁殖，就是雌雄多肉植物个体经过授粉相交，最终结成种子而繁殖后代的方式。它是雌雄个体两种不同基因经过相互融合后产生的新个体，因此这个新个体与它的父母亲相比，可能有着很大的区别。因此，杂交是植物选育新品种的唯一途径。

杂交要注意生殖隔离

景天科的植物经过杂交后，会得到一批新的种子个体，我们需要选择出其中最优秀的个体，确定品种，定名，再大量无性繁殖，进行扩繁，再进一步进行品种推广、商业售卖等。

生殖隔离，是在我们杂交前需要了解的一个重要知识。我们都知道鸡蛋孵出鸡，麦子种下去会长麦子。我们也都知道，马和驴子能生出骡子，但是骡子却不能生出小骡子。这就是

首先选择母本，成熟的母本雌蕊
会有许多蜜。

选择父本时注意一定要花粉成熟的花苞，可以将花苞剪下用于授粉，也可以使用毛笔轻刷花粉。

物种之间的生殖隔离现象。物种（species）这个单位，是一个拥有共同基因库的，与其他类群有生殖隔离的类群。生殖隔离打断了物种之间的基因交流，骡子皆有马和驴的基因，但却没有生育能力，基因的交流在第一代即被中断。

所以我们需要知道，哪些景天物种间是有非常严格的生殖隔离的——也就是没有杂交可能性的；而哪些物种之间存在杂交可行性。这是选择杂交亲本前的重要步骤，有利于我们更加有目的性地杂交景天，不做无用之功。

了解杂交原则，回避错误

但植物有优秀的无性繁殖能力，所以就算杂交种是没有可育性的，我们依然可以通过扦插等方式复制出这个杂交植物的大量的无性个体，在容易叶插的景天科植物上更是极其方便快捷。

（1）亲本必须是景天科的

在和花友的交流中，我经常遇到这样的提问："我尝试用紫玄月和凝脂莲杂交了，能够成功么"，"我用玉露和胧月杂交了，为什么没得到种子？"这是因为他们不了解杂交的基本原则，前提是亲本必须是景天科的。胧月是菊科千里光属的植物，玉露是百合科十二卷属的植物，虽然都是多肉，但是和景天科亲缘关系甚远。不存在任何杂交可能性，试都不用试，不可能杂交成功。

景天科各个属的属内品种多可以无障碍地进行杂交，很多常见的杂交品种是属内杂交的产物。如青锁龙属的杂交品种'纪之川'、'龙宫城'、'小米星'、'婴儿项链'等，莲花掌属内杂交'百合丽丽'、'韶羞'、'铜牌'，拟石莲属内杂交'圣诞东云'、'红边月影'、'黑王子'、'玉杯'、'晚霞'等。大体上在同一个区域分布的属具有较为接近的亲缘关系（仙女杯属是例外）。

跨属杂交在其他类别的植物中并不常见，但是在景天科植物中却大量存在，目前所知的可跨属杂交的景天都是以墨西哥为发展中心进化而来的属，这些属的亲缘关系接近，生殖隔离现象不典型，甚至有些跨属杂交的品种依旧保留了可育性，如白牡丹（风车石莲杂交属）。这些可以跨属杂交的属有：景天属（必须是原产自美洲的景天属物种，亚洲的的景天属不能参与跨属杂交）、拟石莲属、厚叶草属、风车草属、沙罗属（如京鹿之子）、泽米景天属、美丽莲属、汤氏景天属等。这些属之间互相授粉，能够成功地得到杂交后代。杂交属的命名一般取两个属的名字联写，如厚叶石莲属，风车石莲属，景天石莲属，风车景天属等。

跨属杂交要了解哪些是可以跨属杂交的属，不需要无谓的尝试那些跨属不育的属。如仙女杯属、银波锦属、莲花掌属（可疑能与魔南属、爱染草属等跨属杂交，但目前无证据）、青锁龙属、长生草属等。这些属都是严格的属内杂交可育，跨属杂交是不育的。之前曾在淘宝上见过所谓的拇指仙女杯杂卡罗拉，紫罗兰女王杂山地玫瑰……一笑置之。大家如果想杂交这些属的多肉，还是老老实实地在属内选品种尝试吧，一般都是可行的。

（2）从杂交品种花的表现上大致推测其不育性，是否可用作再次杂交

有时候，一个杂交品种的表现很棒，有再次杂交改良或者提供优质基因的意义。那么如何判断这个杂交种是不是还能再次杂交呢？可以通过花来大致判断：如果这个杂交品种的花药上花粉发育很好，那么这个品种很可能是可育的。拿来做父本或母本都可能得到能发芽的种子。如白牡丹、圣诞东云等，实际种植中可以发现它们的花粉量很大，杂交后的确也得到

将剪下花苞的雌蕊去处，然后使用雄蕊上德花粉刷到母本雌蕊上。

了可育的种子，播种出了幼苗（实验人：花里个仔）。而'蒂亚'这个品种，观察花药就可以发现花粉发育得很差，甚至几乎没有花粉存在，故猜测其可育性底下，实际验证后发现用其做父本、母本均失败。

（3）从染色体倍性上推测 F_2 代成功的可能性

这需要去查阅一些外文资料库，如 ICN。一般来说，父母本均为高倍体的物种杂交出来的后代，可育性往往能保持。因为高倍体植物不存在减数分裂时染色体不配对的问题。比较典型的例子就是包菜系的粉彩莲杂交，粉彩莲系的拟石莲常为多倍体,这些杂交种一般都是可育的。上一条提到的白牡丹（静夜、胧月杂交）和圣诞东云（花月夜、东云杂交）这些杂交品种可育，很可能也是因为它们的亲本都是多倍体的缘故。

（4）从现有的杂交资料上推测杂交的可能性

白牡丹、菲欧娜、紫珍珠、tippy（蒂比）、圣诞东云、黑王子、红边月影、芙蓉雪莲、白凤、花之鹤等作为 F_1 代已证明可育，在园艺栽培上也有很多优秀的杂交后代记录，如 tippy 和王妃锦司晃的后代拉姆雷特，白牡丹和菊日和的后代玛格丽特等。

（5）至少保证亲本之一是原始种

原始种与原始种的杂交非常容易，种子质量也好。杂交种和原始种杂交一般也都能得到一些成功种子，成功率总体来说大于杂交 × 杂交的组合。所以搜集原始种是每一个有志于杂交的花友必须做的功课。

预先确定想要的杂交植物，选择合适的亲本

不同的植物有不同的外形和特性，如果你喜爱东云系硬朗的株型、蜡质的皮色，那么选东云系的原始种和变种作为杂交起点就很不错，如罗密欧，乌木，相府莲等。如果你偏好锋利的爪尖，那么黑爪，红爪，海冰格瑞，吴钩，魔爪等品种则是你做亲本的不二之选。如果你是重口味暗黑控，那鲁道夫，天魔舞，拓跋莲，古紫，摩氏石莲绝对是你的菜。如果你对柔美的红边，血染一般的红叶有执念，那么卡罗拉，花月夜，罗西玛，大和锦等就是这些性状的优质基因来源。如果你被白亮耀眼的被霜景天闪瞎了眼，雪莲和广寒宫、皮氏石莲都是很好的亲本。如果你被小巧肉、果冻色萌翻了，那么 *E.minima*，静夜，蓝豆，蔓莲，月影，花乃井，蓝宝石这些就是应该多多尝试的品种。如果偏好精致的褶边，养一株沙维娜或者镜莲吧。如果你钟爱毛茸茸的质感，那么青渚莲，锦司晃，花司，白兔耳都是你应该收集的亲本。

温室花园里的休闲区和销售区。

花园主人二木和他的肉肉们。

SUCCULENT
GARDEN DESIGN

设计一个
多肉植物王国

文图 / 二木

　　许多人都有一个花园梦，我也是。一次偶然的机会，看到美国加州一个露天的多肉植物咖啡馆——被一群天生的萌物包围，肉肉们都被组合成一件件艺术品，捧一杯香浓的咖啡，和最本真的自己对话……因为此，我更加坚定，要建一个属于自己的多肉植物王国。

正在建设中的户外休闲花园。

在休闲花园的墙根边，尝试着种了一些宿根花卉和耐寒的植物。

　　追肉多年，种肉多年，从曾经的小阳台爆满，到换带花园和露台的房子，只为拥有更多的种肉空间。终于，才换不久的小花园和露台也容纳不下我与日俱增的种肉欲望，只得寻找更大的空间，来盛装这个没有止境的梦想。于是一路摸爬滚打，终于有了现在的这个多肉植物花园。

花园规划：温室多肉主题花园+户外休闲花园

　　花园的地址在威海的一个郊区，周围原本是一片蟠桃大棚。其中两个一直荒废，里面杂草丛生，到处是废弃的垃圾。但找到并确定这个地方也花了将近一年时间，几经波折后，我们租下上述那两个荒废的大棚，并签下 10 年的租赁合同。于是，我们梦想花园的第一步开启了。

　　最初的想法非常简单。因为在大棚里面，温度、湿度比较稳定，用来养多肉植物最合适，因而将其规划为多肉植物的主题花园。而大棚外还有一片很大的空间，则可改建成一个露天花园，除了多肉植物外，还可以种植其他我非常喜欢的植物，如铁线莲、各种月季、绣球、矾根等，都能统统塞进花园。另外还可尝试种植一些宿根花卉和耐寒的植物，当然也希望能在这里种一些多肉植物，我也在试验挑选能够在威海过冬的肉肉。我的目标是让这里成为一个四季都可以赏花游玩的"四季花园"。

　　整体进行简单规划后就是分区规划。首先是大棚，其实相当于一个温室花园。因为空间特别大，面积约 600 平方米，进门一眼望到头的感觉不是很好，所以这个温室花园被划分为 3 个区域：首先是进门销售区，进行一些植物和资材的日常销售；中间为休息区，无论是参观的朋友，还是购物的客人，都可以坐在这里聊聊天，喝喝茶；而最里面则是我自己的工作室。

户外露天花园也被我分成了4部分。最接近大门的地方为一个入门小花园；往里走是休闲区域，日常可以在这里喝茶、烧烤等；继续往里是一个中型的花园布景；最后是蔬菜自留地，后来这片自留地决定更改为玫瑰花园，虽然比较小，但是自己会尽量把每一棵植物都养出美的状态。

植物配置：不能照搬照抄 因地制宜搭配

由于威海冬季最低温可达到零下10度，目前能够直接在户外养的多肉植物非常少，长生草属倒是可以过冬，但是夏季一场雨就会烂掉一片，所以也放弃了露养，决定全部搬到室内栽种。但就算在大棚这样的可控环境下种肉，

花园外面是一条河，岸边种满了应季的草花，景色很是怡人。

温室花园里的隔断，很原生态的味道。

仿照肉肉原生地环境种下的肉肉。

温室休闲区棚顶的装饰。

还是会出现损伤和死亡，能做的就是尽量去营造肉肉们原生地的环境，让它们能够更加舒服地生长。

　　大棚内的休闲区域原本是参考美国加州的多肉植物咖啡馆布置，后来发现老外的那些布置在我们这里完全不适用。两地的气候不同，生活习惯也不一样，老外们喜欢晒太阳喝咖啡，而我们则不喜欢强日照。最终我决定，把休息区的阳光做了一定遮挡，但这样之后靠墙的多肉植物们因为光线不足而严重徒长，并且很容易生虫。最后只好乖乖地把多肉植物们撤走，全部换成了适合室内种植的矾根。当然也有例外，玉露一类对阳光要求不高的植物倒也适应这样的环境。在这里也建议大家在购买植物的时候不要盲目，要根据所在地的环境来选择适当的植物，布置起来的效果往往会更好。

　　在花园内的北墙处，由于日照较少，养石莲花一类的多肉植物非常不合适，不但会严重徒长，还会因为其他原因造成病虫害爆发等。所以北墙范围里大部分都种了矾根，不过有部分多肉植物品种也是可以选择的，如景天科莲花掌属、景天属、青锁龙属、球兰、玉露、十二卷属、芦荟、珍珠吊兰等，都是不错的选择，种在日照少一点的环境下同样会很出彩。相对的，喜欢强

烈日照的拟石莲花属都被种在南面阳光最充足的位置，其中还包括一些原生地在南非的番杏科多肉植物，原生地位于墨西哥的乌木等。

下一步：收集已有的、培育新奇的、选择合适的

在我的秘密工作室里，摆放的全是自己的宝贝，初略估算了一下，有 1000 多个品种，大部分是景天科的多肉植物。有许多是从 2010 年刚开始种肉时入手后，一直养到现在。而且许多都是普通品种，其实普通的品种养好了也是非常漂亮的，到现在我的许多多肉植物组合里都还使用最常见的品种。除了这些元老级别的多肉植物外，还收集了许多杂交品种，虽然不知道名字，也不清楚亲本信息，但看着它们美美的，便就是享受。

温室休闲区的布置尽量生活化，让客人感觉很轻松，多肉作品的变化也很多。

休闲区域一角。

这些都是我的工作区域，收藏的都是我的宝贝，约有1000多个品种。

现在，我也尝试着自己杂交，并育成了一些新品种，许多品种已经播出小芽，期待着明年的丰收。不过如今主要还是试验，根据本地的气候进行尝试，包括多肉植物们的花期，授粉与播种的时间把握等。这些元素在别的地区是不能复制的，气候环境决定了大部分因素。

如今，我的多肉植物王国已经初具雏形。最让我开心的是，明年春天来临后，我会带着闺女一起住在花园里，让她从小和植物接触，感受大自然的气息，给她我梦想中的田园生活。

未来，还有许多关于花园的展望和梦想。其实，我最终的梦想到底是什么样子，我自己也不知道，但肯定是关于多肉植物的，那就跟着感觉走吧。

SHOPING
ONLINE

网淘多肉
有门道

　　差不多每一位多肉植物发烧友，都会有网购肉肉的经历。相比实体店，网络上的肉肉品种多，可选择的机会也多，而且送货上门省去了自己跑腿的麻烦。可是，网络店铺因为门槛低，竞争无序，更是不乏很多鱼龙混珠的店铺。因此，要想淘到心仪的肉肉，得先了解里面的道道哦。

minipot园艺杂铺
http://minipot.taobao.com/

"普货"、"尺寸"、"复根"

网购先从普货入手

看到网店里那些美美萌萌的肉肉，很多花友都会大呼绷不住，不要一看到网上美图就冲动入一大批肉，多看些理论知识再入坑比较保险。新手入门建议先入手一些普货，如白牡丹、锦晃星、黄丽、东美人、星美人等等。普货价格一般都不高，个头和品相却不差，先养一些，了解肉肉的生长习性。再普通的一盆花，用心养也可以绽放出属于它的色彩。动辄大几十上百的多肉可以等自己熟悉点了再入手，降低死亡率和心碎程度。

了解肉肉四季的状态

多肉一年四季状态都会不同，通常情况下冬季是大多肉肉出状态的季节，颜色较为艳丽，而随着季节变化植物生长，颜色又会发生改变。所以新手在选购多肉的时候最好先了解该款多肉一年四季的大致生长状态，或直接询问卖家当前状态和尺寸，否则收到肉肉时很可能会大大出乎意料。

掌握复根的技巧

　　通常建议新手春秋生长季时网购多肉，到手后能较快服盆生根，养出好状态。多肉缓苗的原则就是潮土干栽，放在通风明亮处养护。最大的忌讳是闷热潮湿，强烈的直射光炙烤。很多新手一把肉种下就习惯性浇透水，这也是万万不可取的，植物根系还没缓好的时候，浇水越多并不代表多肉可以吸收的水分越多，反而是给闷热潮湿提供有利环境。大多数多肉缓苗时死掉往往不是干死的而是烂死的，切记在土表显干的时候，耐心等个三四天再少量浇点水。

通过微博找可靠的店铺

淘宝上一般比较正规的店铺都有自己的微博。刚入行的新手可以先关注一些。也可以听听其他花友的建议。我们店铺主打多肉植物和植物创意礼品，在投入商业运营之前，花了半年的时间经营了我们的官方微博 @Amoy 花厝，因为有趣新颖的植物创意内容以及科普知识，受到广大花友的喜爱，微博是我们和顾客交流的窗口。

理智购物

理智购物，特别是新手，虽然秋冬季是多肉的好季节，新手们初入坑会无法控制地买很多自己不了解、非生长季养护上也有难度的植物，导致到来年夏天一死死一大片的情况出现。种花养心，还是希望消费者们循序渐进地购买。

掌握基本的养护技巧

很多花友自己因为养护不当，而导致肉肉们没有成活，而怀疑是产品的问题，从而造成与店家之间的误会。所以要掌握基本的养护及病虫害防护知识。

南方地区比较湿热，所以建议南方的花友选择透气透水的盆器种植比较好。配土配方可以加入煤渣和颗粒土，非常适合南方种植，利于根部排水以及生长。病虫害基本上是无法避免的，不过遇到这个问题不要担心，先分清楚是菌害还是虫害，对症下药，也可以在平时做好防护措施，比如定时喷药等。

网购达人凡子

"买成株"、"诚信卖家"、"不贪便宜"

新手最好买成株

我的肉肉基本上都是从网上淘来的，说起网购的经历，可谓真是一把鼻涕一把泪。刚入行时不懂，不知道还分成株和砍头（不带根的）等好几种，买了一批回来，结果发现都是没有根的，掌柜虽然也附带了一些技巧，但是对于当时还是花盲的我根本无济于事，最后这批肉肉全部挂掉，我那个心疼啊。所以，建议新手在购买之前，一定要跟掌柜说清楚你要买的类型。我建议菜鸟们还是购买带根的成株吧，等到成株长大后，从成株上剪下叶子先试试叶插，等到积累一定经验后再买"砍头"的。

首选诚信店铺

各位亲，这点真的非常重要啊。在我养肉几年之后，想玩玩自己播种，然后杂交选育，于是就上网淘种子。国产的多肉种子很少，大都是从国外进口的。但进口毕竟还是麻烦，所以很多黑心的网店就开始卖假种子，不发芽，然后店家还说是我没有掌握技巧。

因此，买种子以及国外进口的品种，一定要选择那些口碑好、诚信度高的店家。

不要相信噱头宣传

很多店家为了宣传会搞很多噱头，比如什么多肉防辐射啦，放氧量多呀等等，这些都是蒙人的，亲们都别相信。其实玩肉肉的人喜欢肉只是因为肉肉跟别的花卉相比不一样，它们的实用功能真的很有限。

另外，一分价钱一分货，千万别太贪便宜，我曾经买过价格很便宜的，不是植株非常小，就是根不好。因此如果同类产品，有的店比其他店的价格低很多，劝您还是别买了。

南非好望角满山遍野生长着的枝干番杏

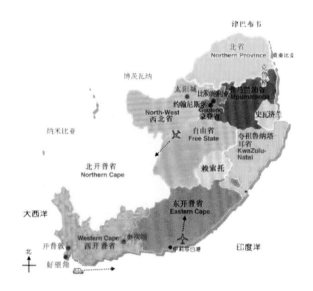

SOUTH AFRICA —THE HOMETOWN OF SUCCULENTS

走进多肉植物的故乡

——

文图／二木

　　南非是多肉植物的原产地，这里的肉肉如同野花野草，漫山遍野，完全不同于在大棚，在盆器里的状态。

　　也是，只有在自己的家乡，它们才能如此放肆，如此撒野，如此疯狂……

"2014 年 7 月，我参加由'北京非洲中心'组织的南非多肉植物之旅"。作为一名多肉植物发烧友，这是我认为最幸福的旅程。

肉肉比野草还多

南非是多肉植物原生地之一，这里的植物种类非常丰富，绝大部分在地球的其他地方都未曾发现过。拥有世界上品种数量最多的"生石花"，我们平日常见的生石花、肉锥、碧光环（萌兔耳）等多肉植物的祖祖辈辈全部都来自于这里。番杏科的多肉植物在这个国家就像野草一般随处可见，位于开普敦市内的 kirstenbosch（克斯腾伯斯）国家植物园也是许多植物爱好者的朝圣之地，而野外更是多肉植物们的聚集地，其中"纳马夸兰"这个地区被誉为多肉植物爱好者的天堂，如果有机会一定要在花朵盛开的九月亲自前往感受一番，一定会在你心中留下深刻印记。

南非的气候有些地中海的感觉，空气非常干净，日照十分强烈，蓝天白云看起来有些不真实。不光原生地的多肉植物们生长得很好，一些以前南非被殖民时，殖民者们从自己国

Kirstnbosch（科斯腾伯斯）南非国家植物园。

家带入的外来多肉植物在这里也生长得很好，像莲花掌、龙舌兰等，已经完全适应了当地的气候。养在室内的多肉植物反而很少见，几乎全都是露天栽培，直接面对最强烈的紫外线，显得一点都不娇贵，更多了一份自然的野趣。野外土壤含砂砾量非常高，大部分地区砂砾比例都能达到 70% ~80% 以上，有的地区甚至像沙漠一样，上面长满了各种番杏。去过"好望角"的朋友如果有喜欢多肉植物的可以仔细观察一下周围，整片山区多肉植物的覆盖率能达到 50% 以上，随便一脚踩下去都会碰到多肉植物，比杂草还多噢。这些地区除了 9 月春季（南半球）雨水相对多一些外，其他季节几乎都是旱季，为了吸收水分，多肉植物们的根系都深深地扎入土壤中。除此之外也能依靠露水进行补给，30 度的温差（春季南非夜间可达到 0~5℃，而白天则上升到 25~30℃）使得清晨的露水也非常丰富。

少有虫害，色彩更艳丽

由于环境因素，这里生长的多肉植物形态和我们国内所见到的大不相同。过于强烈的日照让番杏科的多肉植物们颜色变得更加丰富艳丽，株型也更加紧密，许多我们常见的绿色番杏，在这里会变成红色、紫色、粉色等。如果不是因为数量庞大，能见到各式各样状态的番杏，你一定会认为自己发现了无数的新品种。对于虫害问题，在野外的多肉植物上还没有发现介壳虫的踪影，原生地独特的环境促使虫子们无处可躲，加上土壤中大量的砂砾成分，不利于虫子们繁衍生长，所以植物们才能生长得这么好，这是一系列环境的综合因素。所以也希望大家能够从中找到适合自家多肉植物的养护方法，给予它们更加贴近原生地的环境和土壤，才能把植物们的状态养得更好。

纳马夸兰，多肉植物伊甸园

位于南非西北部的"纳马夸兰"，就像是一片被上帝遗忘的花园，这片地区生长着近 3000 种植物，而多肉植物就有 1000 多种。每年只在 9 月春

南非开普敦以北野外的枝干番杏。

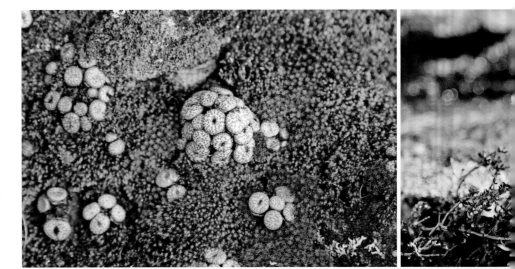

纳马夸兰野外的肉锥。▶

▼ 南非好望角周围遍地的枝干番杏。

◀ 纳马夸兰野外的番杏。

▲ 南非中部地区野外遍地的彩色番杏。

季迎来大片花海，之后整个地区又会变成一片荒芜。如果想把野外寻找多肉植物作为乐趣，来这里一定能找到自信，因为从你踏入的第一步脚下，也许就生长着大片的多肉植物。在这里要寻找自己熟知的多肉植物品种还是挺困难的，首先植物都具有区域分布性，并不是所有品种都会集中在一个地区，这就意味着要翻山越岭穿越许多地区才能找到各种不同的多肉植物。其次由于原生地的气候环境造成这里的多肉植物形态与颜色都与我们常识的多肉植物不同，部分鉴别起来会有一定难度。最头疼的是这里拥有许多原始品种，有的看起来和我们常见的多肉植物也很像，但我们现在看到的大部分都是这些原始种的优选后代或变异。不过这也正是野外寻肉的最大乐趣之一。

在纳马夸兰的几天时间里，在野外发现了大约100多个品种的多肉植物，其中大部分是番杏科、大戟科，也发现了许多景天科的多肉植物，青锁龙属、银波锦属、天锦章属、伽蓝菜属、奇峰锦属等。还有一些百合科十二卷属的多肉植物，和其他分不清是什么属目，不过也可以确定算是多肉的奇特品种。这里面刚才提到的原始种也不少，有许多已经从长相上完全把我欺骗了。

我们所到的纳马夸兰并非荒芜之地，到处是山崖和植物，野生动物资源也非常丰富，随处都可以见到大片的动物粪便，甚至有许多番杏科的多肉植物被粪便掩盖住，这些都是天然的肥料。多肉植物们也利用这里的动物们进行繁衍生息。

朋友说过这么一句话：每年来纳马夸兰都有不用的感受，每一年都在变化。这里的变化并不是指人类的工业改造，而是大自然自己的变化。同一片地区每年开出花朵的颜色都是不同的，如同每年都会变一次颜色的大海。因为这里的花色品种非常丰富，同一片地区里的植物会一直改变，从远方或者附近带来的种子落下来，最后开出不同颜色的花朵。这种壮观的场面用言语、图片或视频都很难完全表述出来，也许只有亲自前往感受一番，才会了解生命的神奇。

纳马夸兰一处湖泊边缘生长的果冻色番杏。

纳马夸兰野外山上生长的某种原始青锁龙。

关于南非

南非位于非洲大陆最南部，东、南、西三面为印度洋和大西洋所环抱，地处两大洋间的航运要冲，地理位置十分重要。其西南端的好望角航线，历来是世界上最繁忙的海上通道之一，有"西方海上生命线"之称。

南非大部分地区属亚热带和热带草原气候，东部沿海为亚热带湿润气候，南部沿海为地中海式气候。12~1月为夏季，最高气温可达32~38℃；6~8月是冬季，最低气温为-10~-12℃。

去南非看多肉植物及其他著名景点推荐：
开普敦、国家植物园、私人野生动物园、鲸鱼小镇、斯泰伦布什、西海岸国家公园、克兰威廉等。

南非多肉之旅路线推荐。
（由北京非洲中心提供）

打开窥视多肉产业的天窗

文 / 吴方林

吴方林：原《中国花卉报社》副总编辑，现任《美好家园》杂志顾问。

　　"我想开一家肉肉淘宝店，您能给点建议吗？"、"现在入坑建大棚，我该怎样定位才合适？"……和肉友们聊天，经常会有人问我类似的问题。很多人想玩肉肉，甚至将其作为自己的事业，但不知道该从何入手，我想，了解产业，应该是入坑的第一步。今天，就让我们一起——打开窥视多肉产业的天窗

1 市场 "火火火火火……"

　　最近几年，多肉植物就像流行歌曲 "小苹果" 里唱的一样——"火火火火火……"

　　前不久，刚刚在上海谢幕的 2014 上海国际多肉植物展，展出多肉植物 2500 多盆，展览及销售面积 1000 平方米，虽然展出仅 3 天时间，却吸引了来自全国的多肉爱好者近 2 万人。

　　打开电脑的搜索引擎，输入 "多肉植物"，得到的结果达两千多万条。在 2013 年，多肉植物在绿植类目里搜索排名第一，每天的搜索量大概有 6 万多。

　　多肉植物走红时间并不长，国内是从 2011 年秋天开始抬头，2012 年开始红火，而且价格不断走高，2013 年春天，江浙沪及北京等地多肉植物销售火爆，一些热门品种供不应求，3 月份就断了货，而且价格再次上扬，在广东，批发价上涨 20%~30%，上海，一些紧俏品种价格上涨 3~5 倍，北京，同样的品种，零售价 3 元变 5 元、5 元变 8 元、8 元变 10 元。

　　目前，淘宝上出售多肉植物的店铺已达 9800 多家（2013 年 8 月为 2700 家），其中许多是刚入行的店铺。淘宝上多肉植物产品数量从 3 年前 1 万多件到目前 3399 万多件。多肉植物的红火也带动了周边产品的火爆。淘宝上业绩好的多肉卖家一个月能卖出二三十万元，但一半以上的销售产品不是多肉，而是土、盆等周边产品。

全世界共有多肉植物 1 万多种。市场上常见的多肉植物包括仙人掌科、番杏科、大戟科、景天科、百合科、萝藦科和菊科。中国大多数品种都从国外引进，首先从日本、韩国引进较多，后来逐渐扩展到美国、欧洲、非洲。

目前多肉植物产区主要集中在福建、广东、上海、山东、北京、天津等地，福建、广东地区大部分是商品化、规模化生产，产品以仙人掌类植物占主导；上海、北京、山东等地生产者种植规模不大，但品种丰富，市场也比较活跃。

目前上海有近 60 多家多肉种植户，每家都有十几个至几十个大棚的生产规模。上海浦东柳红仙人掌植物园艺场，有 25 亩的园艺场，进行仙人掌和多肉植物的引进、繁殖和批量化生产。如今推广了不下几千个多肉植物品种，目前国内流行的景天科植物如观音莲等，都是其最早引进并成功推广的。从 2008 年至今，柳红园艺场已先后引进了番杏科植物 3000 多种，成为目前国内最大、最全的番杏科多肉植物品种基地。下一步，他们将建立番杏科多肉植物种子库，预计将在明年建成。

广州正欣园艺有限公司是目前广东省最大仙人掌类及多肉植物生产商之一。现有生产面积 100 多亩，年产各种仙人掌类及多肉植物盆栽超过 300 万盆，有 150 多个品种，营业额近千万元。营业面积达 3500 多平方米。

北京百花仙子园位于通州区黎辛庄村，占地 30 亩，目前基地主要有幼苗繁育温室、批发零售温室、标本温室等 9 个温室大棚，每个温室平均面积在 400 平方米左右。现有番杏科、景天科、龙舌兰科、百合科、萝藦科、大戟科等不同科属的多肉植物数千种。

未来多肉植物的种植与发展，取决于标准化、产业化生产经营和自身拥有的优良品种，以此来赢得市场。浙江万象花卉有限公司看到这个商机，今年，他们从韩国进口 25 万株多肉植物，要以多肉植物为契机，实现二次创业，建全国最大的多肉植物产业园，也许，拥有 16 万平方米的万象花卉苗木基地，将会在多肉植物标准化、产业化生产经营和自身拥有的优良品种中抢得先机。

据有关专家分析，目前除仙人掌之外，我国多肉植物种植面积大约 800 亩，年产能 5000 万株，而年市场需求大约 1 亿株，年产值 5 亿元。到 2018 年，年市场需求将达 5 亿株，产值将达 25 亿元，供需矛盾突出，多肉植物供不应求。

3 营销模式更多元

目前，多肉植物在各花卉零售店的份额也在不断增长。浙江虹越花卉有限公司，多肉植物占室内观赏植物 6% 的份额，销售额比 2013 年增长 30%，其中单品与组盆各占一半。

与其他植物相比，多肉植物在营销模式上更加多元化。单从销售上来说，除了传统实体店的销售，网络销售更是占据了半壁江山，如上海芷秋原的淘宝店刚上线时，进行促销活动，第一天就卖了 1.8 万元，第二天卖了 2 万多元，连带着 9 月份店铺的销售额超过了 10 万元。现在一天平均成交 80 单，客单价在两三百元。预计年销售业绩将达到 150 万～200 万元。

除了传统的销售，多肉植物与其他零售业态相结合的模式也应运而生，如多肉植物与咖啡结合的咖啡厅，与服装店相结合的工作室，与教学结合的园艺休闲生活馆等等。比如北京的叁月草堂、ZAKKA 多肉植物馆等。它们以多肉植物作为切入点，可以零售，也可以让客人自己动手 DIY。因为布置非常有特色，有的工作室还可以作为婚纱、外景的拍摄地，以及举办个性派对的场所……

目前，还有一些企业开始尝试结合销售、观光、旅游于一体的大型多肉植物主题花园。有的尝试将多肉植物用于婚礼布置，制做出路引、手捧花、桌花、胸花，有的婚礼用多肉做回礼，效果很好。前不久在青岛世园会举办的多肉植物展中，多肉婚礼布置颇受欢迎，订单随之而来。不少参观者看到就直接找参展者要求做多肉婚礼。

4 问题和机遇并存

目前，国内大部分多肉植物都是价格较低的普通品种，精品还是从日本、韩国及荷兰、美国等地引进，由于渠道不畅，多肉植物没有正常的进口渠道，大部分都是水货，以非正常渠道进口，荷兰进口是以鲜切无根进口，还有部分从网上海淘。自9月以来，仅河南省郑州一地，连续截获来自韩国、意大利的多肉植物就已达到3000多株。到目前为止，今年只有浙江一家企业从农业部以种籽、种苗进口获得批文，从韩国进口了25万株多肉。因此，进口产品质量、数量都受到严重影响，市场供求矛盾突出。

此外，目前国内多肉生产者很多人在入行之前并没有种植经验，种植品种也多以市场导向为主，什么品种市场好卖就种什么，而且多以引进品种经过驯化后自行扩繁为主。因此，品种雷同、品质参差不齐。

第三，多肉植物生长周期较长，多数品种还会在夏季或冬季休眠，春、秋两季既是生产旺季也是销售旺季，有些人盲目入行，没有安排好生产，错过销售旺季，加之技术不熟练，就会血本无归。

第四，目前国内在多肉植物的科研领域还处于初级阶段，近年来，北京、上海、厦门、天津、青岛等地一些植物园和经营者率先开始在杂交育种和组织培养上展开研究，任重而道远。期望在不久的将来，我们能拥有自己的多肉产品投入市场。

SUCCULENT GROWERS

种植商——
任性的多肉爱好者

　　"我们这群人，大都半路出家，非科班出身。都曾被亲人朋友责怪'不务正业'，都体验过'爱好'与'职业'之间的巨大落差，都经受过一般创业者都会经历的迷茫、苦楚……但是，谁让我们爱肉肉呢，就让这份爱任性一回吧……"

——一位多肉种植商

济南仙园

— JINAN XIANYUAN —

文图 / 魏民

名称：济南仙园
面积：20余亩
品种：近70个属，1000余个品种
主打：景天科、番杏科、百合科、仙人掌科、龙舌兰科，
以及大戟科、萝摩科等
定位：10~200元
地址：济南市天桥区大桥镇毛家村

银冠玉

说到济南仙园，圈内人都不会陌生。仙园的主人魏师傅，曾被中央电视台等媒体采访。为多肉放弃铁饭碗，从发烧友到多肉的专业养殖者，魏师傅和多肉之间有许多的故事，也有很多的经验与同行们分享。

大棚选址很重要

建立多肉植物生产大棚，选址很重要。大多多肉植物原产南非和墨西哥等国家，原产地一般以雨水的多寡来区分季节，即旱季和雨季。多肉植物适应高温干燥，且昼夜温差比较大的环境。但是国内的夏天一般都很高温高湿，昼夜温差很小，因此如何安全度过夏天，是国内养殖多肉最头痛的问题之一。因而在选址时，尽量要考虑到这一点。

综合考虑，要尤其注意以下几点：第一是通风，但是也要尽量避免冬天北风大的风口。第二是地势要高，以免积水内涝。济南仙园东临黄河，南边近靠鹊山水库，这样的环境对多肉植物度夏非常有利。一般来说，靠近河边或者水库的位置通风都会比较好。

我的养肉经验谈

目前我们所养殖的品种以中档品种为主，价格定位基本在十几元至一二百元左右。这样的价位较容易为一般年轻人所接受。销售则是批发和网络销售同时进行。网络销售可以满足一些年轻人喜欢足不出户网上购物的喜好，而且这样也便于他们选择更新更多的品种。

一般的多肉植物养殖，对土质要求不是特别严格，大多数土壤都可以使它们健康成活。我们的原则是疏松透气、含有少量的颗粒基质为好。一般以珍珠岩、蛭石、草炭土等按1:1:1的比例混合，加入杀虫杀菌药充分拌均后使用。

主打种类推荐

1 截形十二卷（又名玉扇）

科属： 百合科十二卷属，原产南非。
学名： *Haworthia truncata*
特征： 忌强光，喜湿，喜疏松透气性好的颗粒状土壤。叶片属于软叶系，容易被强光灼伤。适合进行叶插和根插繁殖，方法是把上一年粗壮根系完整地从植株上取下来（老根与新根的区别是老根一般呈褐色，新根一般呈白色，新根太嫩很容易腐烂，所以尽量要用粗壮的老根才行）。取下后可直接埋入颗粒稍大的湿润基质中，只把根的顶部露出土壤表面0.5cm左右就可以，然后放到光线稍弱的地方进行养护。前几天浇水不要浇到根系的顶部以免造成腐烂，后期伤口干燥后就可以经常喷水，保持土壤潮湿等待生新芽即可。

2 红大内玉

科属： 番杏科生石花属。
学名： *Lithops optica* 'Rubra'
特征： 系大内玉的变种。植株圆柱状，株体深红发紫，酷似红色玉石。在生长期光照强时整个植物深红发紫，如果光照不够颜色会慢慢褪去，个别的会变成青灰色，强光照射很快就会恢复红色。
　　夏季土壤应保持干燥，当植株表皮出现明显皱褶的时候可给少量水。到八九月，可逐步加大浇水量，植物也会因为水分供应充足而变得丰满起来，成株此时从对生叶中间伸出花蕾。花色非常丰富，有红、黄、白，尤其是群生株，开花时可形成一个大花球，非常迷人。
　　家养一定要放在光线比较强的地方，夏季应稍微遮挡。

3 安珍

科属： 番杏科肉锥花属。
学名： *Conophytum picturatum*
特征： 植株非常肉质，无茎或短茎，肉质叶成倒圆锥状，叶顶平整。夜开性的白色花有香味。种子荚成熟后干枯，遇水开裂后种子会散落，所以等果荚干枯后要及时采收。种植方法同生石花属植物一样，正常成年植株每年春天会褪掉外皮，里面形成二至三头新个体。褪皮的时候要注意断水，等外皮全部干枯再浇水。

龟甲鸾凤玉锦

风琴

　　但也因植物品种不同而异，当用较小的花盆时，还需要考虑保水，最好在正常配方上加大一点草炭土的比例。如景天科的大多数品种。而百合科的多数植物，则是以粗大的直性根系为主，它们对土质的要求是疏松透气但保水性不要很高。因为它们的根系内本身就含有大量的水分，如果土壤再经常潮湿的话，很容易造成根系的腐烂。所以在基质配方上除正常配比外，要掺入适量的颗粒状基质，例如硅藻土、轻石、赤玉土等，以更利于透水透气。目前国内有一部分养殖者甚至用纯颗粒植料进行养殖，这样做的好处是植物根系一般都非常健壮，但这样基质含肥量较少，植物生长较慢，而且要经常浇水以免基质过于干燥。当然，在实际操作过程中，因为花盆质地及大小不同，基质最好也要进行适当的调整为好。

青岛慢悠花房

QINGDAO MANYOU HUFANG

文图 / 赵辉

名称：青岛慢悠花房
面积：10余亩
品种：以景天科多肉植物为主，主要有拟石莲属、青锁龙属、长生草属和景天属
定位：繁殖生产为主，尝试景天实生选育和杂交选育
地址：山东省青岛市崂山区

蛛网卷绢

慢悠花房不慢悠

一直希望有间花房，能让我慢慢悠悠的生活着，去寻找内心的平静和满足。得益于微博、微信这些传媒平台，让我认识了多肉植物。这些在网络上晃来晃去的小精灵，彻底俘虏了我的心，并让我不顾家人反对，于2013年辞去在中国科学院的"铁饭碗"，将这些小可爱作为我一生的事业。

2014年的2月，我和朋友合作，签下了位于崂山的10亩左右的冬暖大棚。慢悠花房园艺场诞生，我终于得偿所愿。

爱好和事业是有差距的，这句话在日后慢悠花房的经营中日渐体现。我们在没有任何大规模养殖经验的情况下，开始一步步的摸索，尤其是在繁殖技巧和植物保护等方面压力特别大。在今年的5月份，因为一次简单的杀虫工作，导致了药害，大批植物出现了枯死的情况，心疼不已。幸好有很多农场主给的宝贵意见，让我们积累了很多经验。

玉露

韩国"取经"理思路

因为国内的多肉植物行业起步晚，其品种单一，种植技术也相对落后。韩国的多肉植物尤其是景天科植物产业历史较长，有着较深的积淀。韩国多肉植物产业已经发展了近60年，在1989年成立了韩国多肉植物协会，现已经经历了14届的发展，已经有200多家农场加入协会，使得在整个韩国多肉植物深入人心，而其养殖模式的提升，品种的丰富以及市场需求的持续增加，都让多肉植物成为人们生活的调味剂。在早期，韩国也大多采用如中国现在相似的大棚来培育景天科植物，这种暖棚与蔬菜种植户的温室无异，内部不易于管理，且暖棚的构造有些不利于多肉植物的生长。

蒂亚

韩国一家多肉植物生产大棚。

　　而在长期的发展过程中，韩国农场主逐渐开始投入资金改善温室构造和环境，大多采用了连栋温室，增加温室挑高，并利用设备提高温室的通风状况，现在到韩国总会看到干净整洁的多肉生产温室，整齐划一的产品在那里得到生产。同时，通过农场主们多年经验的摸索，采用其非常具有特色的土壤配制比例，使得韩国生产的多肉植物颜色艳丽，叶形包裹紧凑，株型完美等特征，进一步提升了韩国整个多肉植物产业的水平。于此同时，韩国农场主开始在全世界收集各种景天科的品种，将欧美、日本以及大洋洲、南非等园艺场的新品种引入到韩国，开始丰富韩国多肉植物的品种线，加上部分农场主开始尝试做杂交育种，并通过不停地杂交选育，获得了很多韩国特有的景天科植物，使得韩国在多肉植物发展上留下浓重的一笔。

　　与生产养殖相比，韩国多肉植物销售也具有其鲜明的特点，韩国多肉植物的销售主要分为两块，一种是普通品种，经过农场的培育生产，直接进入超市、花店以及杂货店内销售，而韩国民众对这类产品接受度高，将其看做类似于鲜切花的花材，周末会带家人一起采购各色这类多肉植物，然后回家经过自己的 DIY 做成寄植，也许仅仅是看一周的时间，就会再次去采购新的植物。另一种模式主要针对爱好者，韩国多肉植物产业经历多年的发展，留下了很多具有时间积淀的产品，而这些产品大多进入城市郊区的园艺场中进行售卖，而主要客户群体是韩国的多肉爱好者。韩国大部分城市周围都会有这样的多肉植物园艺场，干净的木质台面、精美的瓷器花盆配合完美的老桩，让人感受到了韩国特有的多肉植物文化，也激发了人们尤其是爱好者的购买欲望。

　　于是，我们开始不停地奔跑在韩国各个农场和园艺场之间，学习思考，研究为什么韩国人可以把景天养得如此娇艳，为什么韩国的市场可以做到那么细化。机缘巧合，还认识了我的韩国老师——Mr. Park。他经营多肉产业达 15 年之久，告诉了我很多关于品种上的信息，以及多肉植物产业发展未来的方向，让我在半年多的时间里逐步理清了很多关于生产和销售的思路。

应求精和细　不求大而全

　　因为想快速发展，之前我们经营的项目太多，定位不够清晰，导致在生产上的投入不够，也因为农业项目本身资金压力的问题，逐渐使我们自身资金支撑不足。这时候，我开始调整定位，决定独立经营，并专注于景天科多肉植物的繁殖生产。由于在韩国看到的和学习到的经验，加上周边朋友的鼓励和支持，我慢慢地定位自己的方向，开始尝试做景天实生选育和杂交选育这两方面，现在已经开始从世界各地引进品种尤其是原始种，并开始尝试杂交授粉和播种，希望通过自己的努力和专注，缩小和其他国家前辈们的差距。我希望在我的园艺场里，可以让国人看到有美好品相的多肉植物和新的品种，丰富大家的阳台庭院。

北京秋阳园艺

BEIJING QIUYANG YUANYI

文图 / 秋阳

名称：北京秋阳园艺
面积：20亩
品种：进口新品
定位：有一定多肉养殖经验的肉友
地址：北京西北旺

劳尔杂交品种（老桩）

花痴辞职去种花

当我说要辞职去种花时，所有的小伙伴们都惊呆了。

钟情花卉，应该是天生的。我从小就对植物痴迷，房前院后种了很多植物，放学回家第一件事就是先去看看自己栽种的花花草草。在清华读书 8 年间，也一直在宿舍种些小绿植，参加各种园艺有关的社团活动。当然，工作后自己的小阳台也满是鲜花。

可惜的是因为工作原因经常出国、出差，不少植物因为不能及时浇水而死去。偶然的机会有花友分享了几株多肉植物给我，因其小巧可爱，颜色多变，不占空间又极耐旱的特性，让我瞬间爱上了她们，也一发不可收拾地把北京所有花市和多肉大棚都买遍。但国内的新品种很少，也很贵，所以一出国，我也会去国外的花市和大棚参观采购。国内一棵罗密欧要 500 元人民币，而国外才 3~5 欧元。那时便想，如果能将国外的这些好的品种引进中国，让爱好者们花更少的钱，有更多的选择，该是多么美好的事情。

这种想法在心中不断生根发芽。刚开始的半年里，我一边工作，一边将自己从国外的带来的新品种繁殖，售卖给花友们，颇受花友们的喜欢。最终，我辞掉了待遇和前景都被看好的工作，一心种肉。

图片由加州雷历风行提供

布鲁蓝

月之蔷薇

婴儿手指

红边灵影

贝拉

绿翡翠（老桩群生）

玫瑰云

美星

引种新品是目标

从租种别人的一半菜棚，开始了我的肉肉事业之旅。其实刚开始也是抱着玩玩的心理，完全没有想过会有什么发展，只想着能够养活自己，有个场地种肉就够了。没成想经过一年的努力，半个棚变成了八个棚、十个棚；曾经的自己一个人在阳台角落里默默拌土，变成现在有十多位员工一起在田间地头欢笑。想到这些，心有感动。

因为有国外淘货的经验和渠道，大棚的定位也是全部经营进口品种，以景天为主。为了保证品种的"新"，我们和国外的几个实验室合作，及时引进他们的杂交的品种。目前，我们自己也开展了杂交的试验，同时也和国内科研院所合作，用组织培养的方式扩繁，目前已经成功扩繁出 5 个品种，并推向市场。新品通过组培扩繁后，成本也大大降低，乌木曾经市场价在千元以上，成功组培后我们的售价才 88 元。目前，与国外的科研公司合作的植物也即将能投入生产。

花痴的梦想正在一步步实现。不久的未来，我希望能有观光和销售结合布景的大棚，大家能买多肉、看多肉、聊多肉。也希望能有更大的场地用来进行生产。也希望新产品、新技术不仅仅是来自于国外，更多的是来自于我们自己的研发中心。

北京 Beijing　上海 Shanghai　厦门 Xiamen　上海 Shanghai　北京 Beijing　上海 Shanghai　上海 Shanghai　北京 Beijing　北京 Beijing　厦门 Xiamen　厦门　北京

去植物园看多肉

文 / 图 / 成雅京　魏顶峰　王成聪

SUCCULENTS IN BOTANICAL GARDEN

　　很多人一直觉得植物园是"植物比较多的公园"，是休闲旅游的好去处。其实，植物园还具有收集和保护各类植物资源的功能，更是许多珍稀、奇特植物在其原生境之外的安身之处。许多植物园经过多年的引种、收集及繁育，其多肉植物的数量和种类颇具规模且各具特色。在这里，您不仅可以看到萌气十足的肉肉盆栽，还能观赏到高达数米的巨型仙人掌。下面，我就带您从北到南，分别走进北京市植物园、上海辰山植物园以及厦门园林植物园的多肉世界，一起大饱眼福。

北京 北京市植物园
Beijing

北京市植物园的仙人掌及多肉植物主要来自南非、美国、荷兰、日本及国内的福建、广东、上海等地。他们先后引种仙人掌类多肉植物两千余种，涉及 20 个科 100 余属，其中大戟科、芦荟科、龙舌兰科、仙人掌科、景天科及球兰属植物非常丰富。尤其是仙人掌科植物现有种类达到 700 种。其中岩牡丹属，乌羽玉属等珍贵种类收集比较全。多肉植物中非常有特色的茎干植物收集也很多，有大型的银叶睡布袋，中国最大最美的龟甲龙及著名的天马空等品种。

展览温室

金琥区

北京市植物园热带植物展览温室
展览温室内有多肉植物展区1200平方米，展示了仙人掌多肉植物1000种，分为芦荟区、强刺球区、柱区、金琥区、南国玉属区、龙舌兰区、剑麻区等，有高达6米的武伦柱，单体直径达1.2米的群生金琥，高大的王兰，国内最大的列佳氏漆以及垂枝葡萄瓮，高大的亚森丹斯树，象腿木等。

茎干植物温室

十二卷及番杏温室

北京市植物园生产温室
生产温室面积有1500平方米，由"茎干"、"十二卷"、"仙人掌"、"景天"、"大戟"等6个温室组成，这里负责收集和养护多肉植物。

上海辰山植物园

上海辰山植物园是一个相对年轻的植物园，但其多肉植物的引种工作发展态势迅猛，短短几年便收集了3000余种多肉植物。工作人员根据辰山植物园的整体引种计划来实施多肉植物的引种工作，主要从美国、日本等国家引种，部分种类在国内引进。引种的种类大部分是仙人掌科、龙舌兰科、番杏科等。而对于大型的多肉则不论品种限制，以大、奇、特、新为原则。在这里你可以看到世界上独一无二的缀化巨人柱、寿命达到300年的百岁兰、油橄榄、猴面包树等。

缀化巨人柱

上海辰山植物园沙生植物展览温室

沙生植物展览温室是辰山植物园展览温室群中的一个，展览面积为4320平方米，最高处达到19米，是目前亚洲最大的多肉植物展览馆。馆内共收集多肉植物2700余种，主要收集的品种以龙舌兰科、仙人掌科、百合科、番杏科、大戟科为主。馆内根据所展示多肉植物原产地的不同划分为澳洲区、美洲区及非洲区。

生产温室内景

生产

上海辰山植物园多肉植物栽培室

上海辰山植物园多肉植物栽培室是现代化的玻璃温室，各种设施齐全，可以为多肉植物的生长提供良好的生长环境。该栽培室不仅为辰山植物园展览温室提供株型优美的多肉植物，也为植物园科研、科普、物种收集保育等工作提供保障。

厦门园林植物园

厦门园林植物园的多肉植物可以说是从少到多、从弱到强、从单一的生态类型发展到多种生态类型、从温室栽培走向露地栽培的,之所以有今天的成就,是与几十年"引种不辍、追求不止"的园林精神密不可分的。他们多年来引种目标明确,引种驯化并收集多肉植物共有39科242属1580余种(包括变种、品种、类型等)。其中不乏有世界名种,如百岁兰、猴面包树系列等,极为稀有珍贵;有的种类为厦门园林植物园特有,如樱麒麟、晓裳、三角树状大戟、龟纹木棉等。

展馆外景

厦门园林植物园室内多肉植物展馆

厦门园林植物园的室内多肉植物展览馆分为仙人掌植物展馆、多肉植物展馆以及森林型多肉植物展馆。在这里您可以看到高达8米的武伦柱,树干直径达50厘米的象腿树,高达7米的仙人掌还有国内罕见的昆士兰瓶干树以及猴面包树等。工作人员创新性地将仙人掌类多肉植物及其他多肉植物分开展示,不仅便于更好地养护管理,更能营造有视觉冲击力的仙人掌植物群体景观。

樱麒麟

三角树状大戟

森林型多肉植物展馆

厦门园林植物园的另一大特色就是森林型多肉植物展馆了。与传统印象中生长于干旱、酷热的沙漠中的多肉植物不同，森林型多肉植物大多生长在热带、亚热带雨林中，其物种源极其稀有，鲜为人知。森林型多肉植物展馆中模拟了其原生活环境，展示了160多种森林型多肉植物，为国内首创。

多肉植物室外展示区

根据厦门得天独厚的地理气候条件，厦门园林植物园建立了国内最大的多肉植物室外展示区，占地面积达50亩，露地栽培多肉植物共19科63属200余种，营造出了极其壮观、奇特的多肉植物景观，成为厦门园林植物园的一大特色。

怎么样，看了这些植物园的介绍你是否也心动了呢？其实国内许多植物园都有多肉植物展馆，例如深圳仙湖植物园、重庆南山植物园、武汉植物园等等。不仅有日常的温室展览，许多植物园还有多肉植物精品展览和科普活动。例如上海辰山植物园和中国科学院武汉植物园会有针对青少年开展的多肉植物科普讲堂。北京植物园每年的9、10月份都会举办仙人掌多肉植物精品展，每隔一年会举办国际级的精品展，届时会有国际知名多肉植物专家前来做专题报告，喜爱多肉的您可不要错过哦。

IRON-ART AND SUCCULENT
给多肉配个"铁"搭档

文图 / 嘉和

多肉植物的另一个玩法就是给它找各种搭档，它们搭在一起会呈现出千变万化的姿态，以及迥然不同的意境。这里，给它找个"铁"搭档，看看能带给我们什么样的惊喜。

这里所说的铁艺,是泛指手工DIY铁艺花器。主要是指能融入园艺的一切物品:花插、花篮、鸟笼,花盆、各种装饰杂物等等。

在制作每个铁艺花器之前,还必须了解一些多肉植物的基本习性和种植搭配技巧,并准备合手的小工具。

A. 了解习性

大部分的多肉植物都比较耐旱、喜阳,但又是惧怕高温高湿,而且都有一个阶段的休眠期。那么如何安全度过休眠期,并能在生长期和观赏期达到最优效果,这就是铁艺花器解决问题的关键所在。温度人为很难调节,但湿度是可以人为干预的。铁艺容器就是最好的选择之一。由于它的周身透气性超强,水分留存量极少,散失又快,所以即便是在南方整个夏季露天淋雨也不会因为积水造成沤烂,徒长程度也比盆栽的明显降低很多。而在比较干燥的北方,即使天天浇水也不会造成积水。

B. 完美搭配

铁艺花器的自由造型,不再拘泥于花盆传统的桶形、杯形,可以根据个人喜好和植物特性因地制宜,或平铺,或直立,或凌空。可摆放,也可悬挂,可移动性更增加了它的实用度和空间感。栽种植物时,可以随意分层,做到错落有致,疏密得当。如果是用传统花盆,那么即便是增加一个小小的铁艺花插,也会让整盆植物灵动起来,仿佛自己在与多肉进行一场小小的对话呢。

铁艺有多种颜色可选,与多变的多肉色彩搭配,整体效果更丰富,轮廓和线条更自然,不仅可以增强立体感,更使得花器和植物融为一体,充满生机,做到器与肉共生,肉为器添彩,彰显"钢铁柔情"。而这些都是普通花盆不易做到的效果。

C. 常用工具

从开始做简单的一笔画小萌宠,到月亮船,再到花园椅子,做法是越来越精细了,所以工具是必不可少的。我最常用的有尖嘴钳(有丝口和无丝口的),剪线钳,辅助工具可以自由发挥,比如我用到了止血钳和铅笔、签字笔芯等。

D. 常用材料

材料的选择要区别对待。首先是颜色,常用的都是黑白色,当然也可以是绿色、铜色、银色等铜色更复古,银色则更时尚前卫。而我一般会选择百搭的黑白色。再者是材料的软硬和粗细:材料主要是包塑铁丝,铝线,园艺扎带、镀锌铁丝、网线等。主框架要选择比较粗、硬的包塑铁丝,便于定型和承载,常用规格是直径3mm或3.5mm的,如果物件较大,也可以用更粗的。装饰性图案和花边的框架可以用比较细的包塑铁丝,1.5或1.2mm的。而需要缠绕的、很多细节的部位最好选择比较柔

软的铝线或更细的园艺扎带,更易于造型。粗细根据具体情况来选择。最细的我用到0.55mm的镀锌铁丝。另外,一个完整的可以种植植物的铁艺花器还需要的辅助材料有麻绳、棕片、水苔等。

多肉植物大都是以萌萌的外观和绚丽多变的色彩吸引了众多爱好者，所以在一盆可爱的多肉盆里插一个同样萌萌的小花插，无异于锦上添花。

　　花插一般都要做得比较精巧方显可爱，所以材料可以选择比较细的包塑铁丝。我这里用的是 1.5mm 的。除了猫尾巴、蜗牛壳这种必须弯圆圈的起头处需要用老虎钳，其余制作过程最好全程用手指完成。一来是老虎钳容易破坏包塑，二来也容易产生咬痕，使得线条不流畅，并影响美观。

CAT
猫

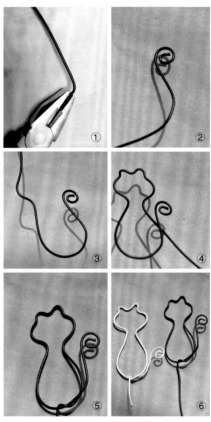

1. 先用老虎钳做猫尾最内圈。
2. 尾巴圈数适可，不要太多。
3. 把猫尾巴弯好，准备弯肚皮。
4. 记住，尾巴弯好后是弯对面的肚皮，而不是相邻的那个肚皮。然后依次弯脸和耳朵。关键是做到对称。
5. 右边肚皮弯好后收口，完工。

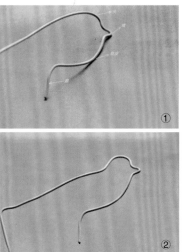

①

②

鸟

1. 从肚皮底下的脚开始，依次弯肚皮和鸟嘴，鸟头。
2. 鸟背腰略微有些拱起的弧度，然后做尾巴。

FAT CAT

胖猫

1. 先弯尾巴，然后弯左边肚皮。这个是胖子猫。所以肚皮要扁圆些。
2. 扁圆肚皮之后，是脸和耳朵，记住脸要稍微小些。
3. 弯另外一侧的脸和肚皮，还是注意大小和弧形一定要对称。
4. 收口，调整对称度。

①

②

③

④

小雨伞

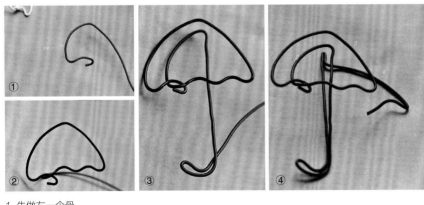

① ② ③ ④

1. 先做左一伞骨。
2. 第一根之后，弯第三根伞骨，切记顺序。且第三根的长度要比第一根略短。
3. 第二根伞骨过后是做伞柄和把手，做完后返回顶部做伞尖。
4. 伞尖过后是做第四根伞骨，然后收口，OK。

THE MOON
BOAT 月亮船

1. 先将粗的包塑线剪成需要的长度，二头做弯钩对接成圆圈。需要做3个。3个圈的直径分别为20，25，30cm。或者按照自己喜欢的大小而定。但是三个圈必须大小不等。小圈在后面，中圈在前面，大圈在中间。

2-4. 将三个圈的收口处并拢，大圈在中间，用1.5mm的包塑铁丝或铝线缠绕固定为提手处。

5. 做船身：编网兜或做装饰性图案。先将网线或铝线或铜丝剪成合适的长度，在中圈上打结固定后，再和相邻的线互相扭绞，编成网兜，到大圈处最好交错固定下再继续编至小圈。因为中圈在网兜的最前面，起头比较整齐，增加美感，小圈在最后面，收口会有一些线头，等放入植物后可以被遮挡。

铁艺拱门

ARCHWAY

1. 先把3根粗铁丝弯成拱门形状。
2. 然后在准备放前面的2根上做蕾丝花边。
3-4. 做若干个图案，用于拱门侧面，图案可以多种选择。
5. 把前后拱用造型图案连接起来，固定处用细扎带缠绕。底部可以做底座增加稳定性，也可以不做，直接插在某个地方卡住固定。

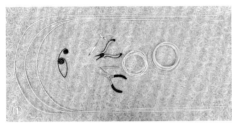

①

②

③

④

⑤

学员们在课堂上学习制作的鸟笼多肉作品。

SUCCULENT PLANTING CLASS

不会玩多肉？ 先去上上课！ 文 / 林中晓月

　　9月12日~9月16日，乃夫花艺学校《2014·秋季多浆类植物组合设计及销售管理养护高级研修班》在青州千卉千姿多肉植物繁育中心这风景如画的自然大课堂首次开课。来自广东、广西、湖北、四川、福建、山西、陕西、山东、河南、北京、上海、重庆等地的28名学员，伴着醉人的桂花香气在这里学习有关多肉植物的常识、知识及设计制作。

　　五天的时间，学员们认真聆听了国内多肉植物生产销售现状及市场前景分析；在老师的带领下，学员们在千卉千姿的多肉植物生产基地现场边看边学，跟着老师认识了常见多肉植物并学习了养护方法及病虫害防治要领；根据市场需求，重点学习了多肉植物的单棵组盆与多棵组合盆栽品种的选择要素、品种的搭配要素、盆器的选择要素及组合盆栽的养护管理要素。

　　然后，大家以轻松愉快的心情跟着二木老师一起学习玩多肉。先后学习了单盆种植、组合种植、多肉花环和多肉鸟笼的制作。

　　学员们来自四面八方，有一半学员从事花艺工作，其中有本已功成名就的著名花艺师、

有花店的经营者、多肉植物的生产者，还有大学的教授，石油公司的高管，专科学院院长和教授，以及一群痴迷多肉植物的爱好者。

由于多肉植物是近年来的市场新宠，爱好者很多，但都缺乏系统的学习和了解，所以，每个学员都十分珍惜这次学习机会，大家认真听课、在基地现场认真学习、认真做笔记，并实际操作。特别是在实际操作中，老师不但细心辅导，还不厌其繁地认真点评了每一个学员作品，让大家收获颇丰。

来自西安的吉墅泽同学听力不好，靠读唇来听课，非常认真。她说："这次学习很有收获，之前我真的不认识多肉品种，这次学习，让我对多肉的品种和特征有了进一步了解，比自己琢磨效率大大提升，这就是为啥一定要听老师讲课来的效果更好，同时在基地现场学习，用眼睛看多肉植物比看图片学得更快。所以我这次回去要重新钻研多肉品种，要记得了解特征。现在我特别想回去后自己实验叶片繁殖，感受生命不断繁殖生长的过程，一定特别神奇啊！"

来自四川的学员说："本来参加这个学习班，是想重点学习多肉植物的种植常识，然而来到青州千卉千姿多肉植物繁育中心，看到这么多品种的多肉，通过学习，更发现，原来多肉植物还能这么美！"

来自山西的学员汤荣说："尽管在老师的讲解下，对多肉植物有了更多的了解，却有种越学习越感觉自己很多方面匮乏，还需要继续深入学习。"并与同学相约下期再见。

课程结束，大家离开基地前，每个学员都挑选了一批心仪的多肉植物和各种漂亮的花盆带回家。

二木老师教学员们制作鸟笼多肉作品。

推荐
BOOKS
1 书籍

（1）《和二木一起玩多肉》

　　本书是多肉达人二木的心血之作，其总销量已经超过 10 万册。内容涉及了多肉基本知识、选苗购买、日常养护、多肉品种图谱、繁殖技巧、多肉混植、DIY 园艺小品等方方面面。实用细致又不失华丽，是一本全面精美的多肉百科全书。字里行间都能感受到二木用心呵护多肉的热情与执着，适合每一个"多肉控"。

（2）《多肉植物新"组"张》

　　本书是国内第一本以多肉植物组盆为主要内容的园艺书籍，书中不但图文并茂地列举了多肉植物组盆在家居场景中的应用，还介绍了多肉植物组盆的造型搭配技巧以及色彩搭配，同时，也对组盆所需的工具、土壤、后期养护和繁殖等内容进行了说明。本书以图片为主，文字叙述浅显易懂，书中列举了几十种多肉植物组合的例子，排版简洁干净，适合热爱多肉植物的初级爱好者。

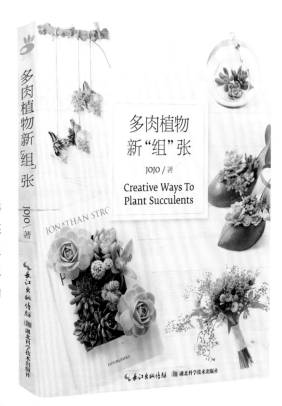

（3）《多肉绘》

　　该书由国内知名插画家飞乐鸟所著，是一本多肉植物的手绘之作。书中精选了 34 种多肉植物作为案例来描绘，另外还有 4 组多肉植物组合的展示案例，基本上受到大家喜爱的漂亮多肉植物品种都有覆盖。爱画画也热爱生活的你，不妨跟随本书进行一次彩色铅笔的旅程吧。

（3）《水色斑斓 让画作极具美感的水彩画技法》

　　由微博知名多肉及水彩画老师 @song 丹青 编著，作者丹青用手中的水彩画笔，带你进入色彩斑斓的水彩世界——这里有"花"样年华，海的礼物，点心和饮料，多肉和瓶花，还有属于你的一片小小花园。书中展示多达 46 个水彩绘制的案例，由浅入深，要点的概括十分精辟，非常适合水彩爱好者自学。

WEBSITE
2 网站

泛景主题站（funjing.com）

　　以景天为主题的多肉讨论区，不开放注册，建站约一年。网站由肉友小岛向北创建，并召集了许多热爱多肉植物的资深爱好者们共同创建了《多肉植物图鉴库》。涵盖品种图片、拉丁名、中文名和名称查询功能，图鉴组负责审对图鉴。定期更新图鉴，各种美貌的多肉遍布其中。两个站点的版面风格都简洁清新。大家聚在一起，更加深入地分享多肉美照，探讨种养问题，交流心得，传阅品种资料。在这里只讨论关于多肉的话题，你能感受到越发热闹的气息，也将收获到私密平静的简单氛围。养多肉的喜悦一同分享，让你不再一个人对着满阳台的景天发呆。

Afterword
编后记

《花园时光》（多肉植物专辑）经过近3个月的组稿和编辑，终于和大家见面了。这是《花园时光》首次以专辑的形式呈现。

之所以采用专辑的形式，源于很多读者给我们的建议——之前的《花园时光》内容虽然很广泛，但也显得有些零散，有时候读到几篇自己喜欢的文章，还没过瘾，就结束了。于是乎，编辑部决定调整形式，以后的每辑都确定一个主题，就主题将内容延展开来，尽量将其说透彻讲明白，真正做到以飨读者。因为针对性更强，内容阐述更加深入，因而与以往的辑子相比，专辑也更具收藏性。

多肉植物是花友们近年来的热宠，将其作为首期专辑的主题，也算是顺应了很多读者的心愿，当然也算是赶了一回潮流。在专辑中，从多肉植物的上游生产商，到中间的销售环节，再到终端的发烧友，整个产业链都有内容涉及，相信能为喜爱肉肉的您有所借鉴。

特别感谢主编二木，专辑的内容组织、作者联系，他都不厌其烦，一一亲自来过。"我一直希望有一个正规的平台，让大家了解多肉，了解这个产业，并让更多的小伙伴们一起来分享自己的玩肉感受，《花园时光》正好迎合了我这个心愿"——这是二木接受邀约担任这份专辑主编的初衷。相信这份初衷，一定能引起爱肉肉的你的共鸣。

当然，与多肉植物产业发达国家相关的读物相比，专辑内容肯定还有很多不足之处，希望您给我们机会来弥补。期待您的建议，也期待之后的多肉植物专辑会更好……

韬祺文化

2014.12.30

`8002009513938002 095139`